Roland Löwisch

BMW E36
DER KULT-3ER

Geschichte – Technik – Entwicklung

HEEL

HEEL Verlag GmbH
Gut Pottscheidt
53639 Königswinter
Telefon 0 22 23 / 92 30-0
Telefax 0 22 23 / 92 30 26
Mail: info@heel-verlag.de
Internet: www.heel-verlag.de

Verantwortlich für den Inhalt:
Roland Löwisch

Lektorat:
Jürgen Schlegelmilch
Tim O. Saathoff

Fotonachweis:
AC Schnitzer (S. 81, 82), Adobe Stock (S. 78, 79), AEZ (S. 86), Alpina (S. 83, 84), Bildermeister (S. 75, 77), BMW Baur TC Club e.V. (S. 85), BMW AG (S. 3, 6, 8–54, 56, 58–76, 94, 98–102, 104, 120–127), BMW 3er Club E36 / E46 e.V. (S. 55, 57, 108, 110–115), Hamann GmbH (S. 86), Hartge (S. 87), H&R (S. 87), Kerscher Tuning GmbH (S. 87), Kelleners Sport (S. 88), Roland Löwisch (S. 4), Melkus (S. 88), MK-Motorsport (S. 88), MSDesign (S. 89), Racing Dynamics Deutschland e.K. (S. 89), Jürgen Schlegelmilch (S. 21, 80, 90/91, 92, 93, 95, 96, 97, 100, 103, 106/107, 116-119), Schmidt Technik (S. 89), Zender (S. 89)

Lithographie, Satz und Gestaltung:
Kai Huwer, Huwer-Design, Hürth

Printed in Slovakia

ISBN: 978-3-96664-776-2

Inhaltsverzeichnis

Vorwort

Sieht man sich die Historie von BMW an, ist es überhaupt nicht selbstverständlich, dass die Bayern mit ihren Dreier-, Fünfer-, Siebener- und anderen -Reihen noch eigenständig sind – oder überhaupt existent. In den 1950er Jahren hatte sich BMW völlig in der Luxusbranche verrannt mit den Barockengeln 501 und 502, um dann mit der Isetta zu versuchen, zurück zur automobilen Basis zu kommen und all die aufstrebenden Wirtschaftswunderarbeiter mit einem Vehikel zu versorgen, dass sie ins Traumland Italien bringen konnte. Protziges Fastkanzlermobil auf der einen Seite, zweispurige Minimalistenkugel auf der anderen – und in der Mitte gähnende Leere: So hätte Mercedes die Freistaatler fast gefressen. Wie bekannt kam es anders: So findige wie windige und finanziell starke Blauweißfreunde verhinderten den Ausverkauf. Es folgte der unaufhaltsame Aufstieg der bayerischen Mittelklasse – eine Geschichte, die eigentlich auch mal einen Spielfilm tragen würde.

Und während die Stuttgarter mit dem Stern so langsam aus allem aussteigen, was nicht Hyper-Luxus ist, hält BMW der Mittelklasse und damit der Dreier-Reihe bis heute die Treue. Und will das auch weiterhin tun. Dass sie dabei mit der Technik gehen – sprich ihre Autos nach und nach elektrifizieren, bis 2030 die Hälfte aller verkauften Autos vollelektrisch sein werden – kann man ihnen nicht vorwerfen. Wer aber die Historie der Dreier-Reihe mitbekommen hat, die Entwicklung vom E21 zum G20, den Siegeszug der Sechszylinder, die Einzigartigkeit der M3, für den ist die Dreier-Reihe immer mit einer Seele verbunden. Also einem Verbrennermotor.

Fragt heute kein Mensch, welcher Hersteller denn bitteschön den Elektromotor für dieses und jenes Modell baut, war ein starker und langlebiger mehrzylindriger Antrieb einst eine Referenz für Kompetenz. Interessierte baten darum, dass man die Fronthaube öffnen möge, um den – einst noch nicht von Plastikplatten verdeckten – Motor sehen zu dürfen. Und auch wenn man keine Ahnung hatte von der Technik, sie sah einfach klasse aus. Heute findet man bei E-Autos an dieser Stelle oft den „Frunk", was ein Kunstwort aus „Front" und „Trunk" (Kofferraumabteil) ist, aber ein bisschen mehr wie ein Mix aus „Freak" und „Frust" klingt. Zurecht will heute kein Mensch einen eingebauten E-Motor sehen, zumal alle gleich aussehen, sowieso unsichtbar versteckt sind und den Charme einer Melkmaschine versprühen.

Vielleicht markierte die dritte Generation der Dreier-Reihe, der E36, in diesem Sinne den absoluten Höhepunkt von mittelklassiger Freude am Fahren. Ausgereift, übersichtliche Elektronik, sympathisch, fahraktiv. Laut KBA sind in Deutschland von den insgesamt 2.745.780 (ohne die 297.088 Stück Z3 inklusive der M-Derivate) gebauten Exemplaren noch 72.865 Stück angemeldet (ebenfalls ohne Z3), vom M3 kommen noch 1310 Stück hinzu. Wie schön, dass sich diverse Clubs um den Erhalt dieser Schmuckstücke kümmern, die noch heute begeistern.

Nur, dass Sie sich nicht wundern: Der Z3 bleibt in diesem Werk als entfernter Verwandter draußen. Und die M3 erhalten nur einen begrenzten Auftritt – es gibt eine Reihe von Büchern über diese Modellreihen, und deren Inhalt können und wollen wir hier gar nicht wiedergeben (zum Beispiel Graham Robson: BMW M3, M4 – Entwicklung, Modelle, Technik, Heel-Verlag, ISBN 978-3-86852-889-3). Wir konzentrieren uns tatsächlich auf die Hauptmodelle Limousine, Coupé, Cabriolet, touring und compact (die wir – wie von BMW erfunden und angedacht – hier klein schreiben). Hat ja sonst noch niemand gemacht.

Steigen Sie also mit uns ein in die Geschichte einer Modellreihe, die einen echten Meilenstein darstellt – nicht nur in der BMW-Historie!

Königswinter/Hamburg im Herbst 2024
Roland Löwisch

Einführung & Danksagung

Der „Kleine BMW" – darunter verstand der Autokenner lange Jahre so legendäre Automobile wie den Dixi, den 319, den 700er und die Isetta. Mit dem Jahr 1966 sollte sich das ändern: Von da an war der „Kleine BMW" zunächst der in jenem Jahr eingeführte 1600, besser gesagt die gesamte 02-Baureihe mit so berühmten Modellen wie 2002, 1600ti, und der erste touring.

Der „kleine BMW" – so wird die Dreier-Reihe bei ihrem ersten Erscheinen 1975 keineswegs seiner Größenordnung wegen genannt, sondern weil sie zu jener Zeit das Basis-Modell der bayerischen Weltmarke darstellt. Dabei ist es ein wahrlich großes Automobil, in der damaligen Dimension und in der Bedeutung. Die 3er-Reihen werden schnell zum Inbegriff der kompakten, leistungsstarken und leichtfüßigen Sportlimousine. So was hatte es vor 1966 noch nicht gegeben: eine schnittige, vier Erwachsenen vernünftig Platz bietende, zweitürige Karosserie mit einem modernen Motor, der fast für Sportwagen-Werte sorgt. Und die Autos lassen sich dank Standardantrieb – Motor vorne, Antrieb hinten – so fahraktiv bewegen, dass es eine helle Freude ist. Eben „Freude am Fahren".

Es macht viel Sinn, dass BMW sowohl Konzept als auch Angebot ständig ausbaut. 1996 verbergen sich hinter der „magischen 3" 29 unterschiedliche Modelle des E36. Diese stattliche Zahl ergibt sich aus den verschiedenen Karosserie- und Motorisierungs-Varianten. Hinzu kommen in diesem Modelljahr noch diverse „Comfort"-, „Exclusiv"- und „Sport"-Editionen.

Da lohnt es sich, die Struktur der 3er-Reihe des Baumusters E36 genauer anzuschauen, denn hier ist erstmals für jeden etwas dabei – für den Ökonomen genauso wie für den Leistungsfreak, für den Familienvater wie für die Geschäftsfrau, für den Sportler wie für den Vielreisenden. Und natürlich für alle, die mehrere solcher Eigenschaften in sich vereinen. Auf alle Fälle für jeden, der sich zur Freude am Fahren bekennt.

Den Kern der Palette bildet die viertürige Limousine, die sich im Laufe der Zeit dank neun verschiedener Motoren leistungsmäßig und typgerecht abstufen lässt. Für Coupé, Cabriolet, touring und compact steht jeweils zwar nicht die gleiche Auswahl zur Verfügung, dennoch findet jeder den Antrieb bei seiner bevorzugten Karosserieform, den er gerne hätte – und die zum Auto passt.

Was beim E36 völlig entfällt, ist der Allradantrieb. Dabei war der doch im vorausgegangenen 325iX (E30) von der Fachwelt noch hochgelobt worden. Aber das ist tatsächlich das Einzige, was am E36 wirklich bedauernswert ist.

Kein Fachbuch ohne Hilfe – besonders, wenn es sich um ein bestimmtes Automodell handelt: So danke ich der BMW Group Classic für ihre Unterstützung und das zur Verfügung stellen von historischem Material, namentlich besonders Ingrid Mühlbauer vom Archiv. Ganz besonders geht der Dank aber an den offiziellen BMW 3er Club E36/E46 e.V. mit ihrem Vorsitzenden Joachim Fiebig und seinen Freunden sowie den Mitgliedern des Vereins für die perfekte, aktive und dauerhafte Fachberatung, das Öffnen privater Archive und vieles mehr. Aber auch den unzähligen Fans und Spezialisten, die im Internet ihr Wissen, Meinungen und Erfahrungen teilen, sei sehr gedankt. Ob sie sich nun ausschließlich mit dem Baur-Cabrio TC4 beschäftigen, mit dem Fahrwerk, den Motoren oder dem Dach des Cabrios in allen Einzelheiten – mein Respekt vor so viel Fachwissen, das sie hier teilen. Mein Dank gilt schließlich dem HEEL Verlag, besonders Jürgen Schlegelmilch: Als glühender BMW-Fan weiß er fast alles über die bayerische Marke, verfügt über ein umfangreiches Archiv – und hat dieses Buch nur deshalb nicht selbst geschrieben, weil er keine Zeit dazu hat …

GAP- A 111

1 DIE VORGÄNGER DES E36

Die klare Absicht von BMW besteht darin, mit dem 1500 die Lücke zu schließen, die durch den Konkurs von Borgward nur wenige Wochen vor der IAA 1961 und dem damit verbundenen Wegfall der Isabella als Premiumfahrzeug der Mittelklasse entstanden ist.

Der Erfolg der bayerischen Mittelklasse beginnt mit der „Neuen Klasse" – der Wiederaufstieg von BMW, der Erfolg und die Existenz der späteren Dreier-Reihen. Der Startschuss dazu fällt spätestens 1962. Denn zu diesem Zeitpunkt kommt die erste BMW-Mittelklasse in die Showrooms – eine sportliche Limousine mit 80 PS.

Die Neue Klasse als Retter in der Not

148 km/h Spitze sind eine echte Ansage in dieser Zeit, der Sprint von 0 auf 100 km/h gelingt in 16 Sekunden. Das Publikum auf der IAA ist begeistert: von der Form, vom Fahrwerk, vom Motor, von der Leistung. Der *STERN* schreibt: „Es blieb wohl das am meisten umlagerte Ausstellungsstück. Und wer mit dem Wunsch gekommen war, wenigstens eine Minute in dem bildhübschen und technisch vollendeten Wagen Platz zu nehmen, musste garantiert eine halbstündige Drängelei in Kauf nehmen." Während der zehn Messetage sammelt BMW zwischen 1500 und 2000 Kaufverträge ein. 1964 folgt der 1600 mit etwas mehr Kraft zum gleichen Preis. Er schafft den Sprint schon in 14 Sekunden und fährt 155 km/h Spitze.

1966 ordnet BMW sein Modellprogramm neu und bringt den 1600-2 mit nur zwei Türen. Der 1.6-Liter-Vierzylinder leistet zwar nur 85 PS, wird aber trotzdem zum Vorbild vieler Sportlimousinen und begründet die erste 3er-Reihe. Ab 1967 hat BMW dann auch endlich wieder ein Cabrio im Programm:

Die neue Klasse kommt zur richtigen Zeit: Mit 8500 DM wahrlich kein Sonderangebot, aber das Durchschnittseinkommen in Deutschland wächst Anfang der 60er Jahre jährlich um rund zehn Prozent und liegt 1961 bei 6723 DM pro Jahr.

Handschrift von Giovanni Michelotti: Chefstylist Wilhelm Hofmeister lässt sich bei der Entwicklung des 1500-Designs vom italienischen Kult-Designer beraten und finalisiert dessen Entwurf. Es entsteht eine geräumige Karosserie mit einer Linienführung ohne stilistische Extravaganzen.

Baur karossiert den offenen 1600-2, der gleich rund 3300 Mark teurer ist. Der 1600-2 kommt gut an: Fast 145.000 Stück werden verkauft – gerne in zeitgeistigen Farben wie „Inka-Orange“ oder „Golf-Gelb“.

1971 wird die nachfolgende Nullzweier-Reihe gründlich renoviert. Das Basisauto bleibt der BMW 1602. Fast gleichzeitig gibt es auch den stärkeren 1802 als Füller der Nische zwischen 1602 und 2002. Ebenfalls 1971 bringt BMW seinen ersten „touring“, wie heute noch alle Kombis bei BMW heißen. Dabei sind die ersten touring eher zweitürige Schräghecklimousinen. Die Karosserie dazu schneidert Giovanni Michelotti. Das Auto ist dem VW Golf im Grunde um drei Jahre voraus, kommt aber bei den Kunden nicht so gut an wie das Stufenheckmodell. Wie bei BMW üblich gibt es auch hier einen Sportler: den touring 2000 tii (ab Dezember 1972: touring 2002 tii). Die Ingenieure spendieren dem Zweiliter-Motor 130 PS, was für 184 km/h und den Sprint in 9,4 Sekunden reicht. Äußerlich ist er nur durch die Leichtmetallfelgen von den kleineren Varianten zu unterscheiden. Bei seinem Debüt kostet er 13.653 Mark, insgesamt greifen knapp 5800 Kunden bis Januar 1975 zu.

Eine Überraschung ist der BMW 1602 Elektro von 1972, der seit 1969 in den Versuchslaboren von BMW kreiert wird. In zwei 1602-Modelle wird je ein Bosch-E-Motor mit 43,5 PS gepflanzt. Unter die Motorhauben passen zwölf 12-Volt-Batterien, die zusammen 350 Kilo wiegen. Die Versuchsautos schaffen den Sprint in acht Sekunden von 0 auf 100 km/h. Letztlich reicht das alles nicht für einen Serieneinsatz – die Wagen werden aber immerhin bei der Olympiade 1972 genutzt als Begleiter für den Marathonlauf und als Shuttle für das Organisationskomitee. Witzig: Die Hupe ist lauter als die bei den Serienautos. BMW begründet: „Bisherige Beobachtungen zeigten, dass unachtsame Fußgänger hierdurch besonders gefährdet wurden, weil sie sich offenbar nach dem gewohnten Geräusch herannahender lauter Automobile orientieren.“

Der erste Serien-BMW mit Turbolader (2002 turbo) im August 1973 ist eine gewollte Provokation. Der Frontspoiler besitzt zuerst einen Turbo-Schriftzug in Spiegelschrift, der die Vorausfahrenden „warnen“ soll – laut *Spiegel* eine „Kriegsbemalung“, worauf die SPD im Bundestag anfragen lässt, wie man gegen solche Auswüchse angehen kann. BMW lenkt ein und verzichtet in der Serie darauf.

Das Auto besitzt eine Ladedruckanzeige, aber keine Servolenkung. Serie ist ein Vierganggetriebe, gegen Aufpreis kann man auch fünf Gänge bekommen. Mit 211 km/h ist der BMW 2002 turbo der Kaiser auf der Autobahn, mit knapp sieben Sekunden von Null auf 100 km/h der Ampelkönig – aber er kommt zur falschen Zeit. Letztlich werden nur 1672

Bekanntes Werbemotiv: Der 120 PS starke 2002 ti in der typischen „70er-Jahre-Farbe“ Inka-Orange steht Ende der 1960er für 10.990 DM beim BMW-Händler.

Stück gebaut, denn der Preis des Autos wächst so rasant wie die Angst der Fahrer vor der Benzinknappheit: Kostet er im September 1973 noch 18.720 Mark, sind es sechs Monate später bereits 19.980 Mark. Weitere drei Monate später muss man 20.780 Mark dafür hinlegen. 1672 Stück werden schließlich verkauft und hinterlassen nicht nur wegen ihrer glühend heißen Abgasanlagen eine Menge verbrannter Erde. Zur Freude der Fans. Von der Neuen Klasse werden insgesamt fast 200.000 Stück gebaut und verkauft.

An dieser Stelle noch ein kleiner Blick in die Zukunft: Ab 2025 soll es eine neue Neue Klasse geben, die dem bayerischen Premium-Hersteller Anteile auf dem schwächelnden E-Automarkt sichern soll. In Sachen Design orientiert man sich an den guten alten Werten des erfolgreichen Stylings aus dem Ende der 1960er bzw. dem Beginn der 1970er Jahre: Mit Elementen wie Hofmeisterknick und Sharknose-Kühlergrill entwarf bereits der legendäre Designer Paul Bracq nicht nur den ersten 5er (E12), sondern auch den ersten 3er (E21). Ein Vertreter dieser Baureihe ist dann auch Co-Star in dem Werbespot für den BMW i Vision DEE, der auf YouTube zu finden ist.

Kein Glück: Aufgrund der Ölkrise bleibt dem gut 21.000 DM teuren 2002 turbo der ganz große Verkaufserfolg verwehrt. Im Gegensatz zu Porsche: Der ab 1974 angebotene 911 turbo (Typ 930) mit 260 PS starkem 3,0-Liter-Boxer verkauft sich prächtig – trotz 45.000 DM Preisdifferenz.

BMW erfindet sich neu: Nach der erfolgreichen Premiere auf der Consumer Electronics Show (CES) 2023 in Las Vegas verkünden die Münchner, dass 2025 der BMW Vision Neue Klasse kommt. Außen mit hauseigenen Designelementen aus der Zeit des ersten 3er versehen, sind seine technischen Innovationen ebenso richtungsweisend wie damals: Das fahrerorientierte Cockpit ist heute aber das neue BMW Head Up-Display namens „BMW Panoramic Vision".

Das Sharknose-Design stammt aus der Feder von Paul Bracq, der sich bereits 1972 mit dem Technologieträger BMW Turbo X1 in der Unternehmensgeschichte verewigt.

Die erste Dreier-Reihe: der E21 als Basis für mehr

1975 wagen die Bayern mit der Einführung der Dreier-Reihe die Nachfolge des 02, die bislang die erfolgreichste BMW-Baureihe ist. Ziel: mehr Komfort, weniger Purismus, weg von der alten Nomenklatur hin zu einer neuen. Der Ur-Dreier ist zunächst nur als Zweitürer, also Coupé, zu haben. Gestrichen werden dagegen alle touring-Modelle, der 2002 turbo und der 2800. Und so wird 1975 wieder ein gutes Jahr für BMW: Mit 221.298 verkauften Autos knacken die Bayern erstmals die 200.000-Stück-Grenze in zwölf Monaten, der Jahresüberschuss wächst von 42 auf 74 Millionen Mark.

In der ersten Dreier-Reihe (E21) beginnt das Portfolio bei den Vierzylindern mit dem 90 PS starken 316, reicht über den 98 PS starken 318, den 318i mit Einspritzmotor und 105 PS und gipfelt in den Modellen 320 mit 109 PS und 320i mit 125 PS. Letzterer kostet knapp 18.000 Mark und ist das einzige Modell der 3er-Reihe, das Superbenzin benötigt. Der 316 kostet anfangs 13.970 Mark. Gleichzeitig wird das Auto als Cabriolet mit Karosserie von Baur angeboten. BMW verkauft insgesamt mehr als 800.000 Stück dieser Modelle – und damit haben die Bayern voll ins Schwarze getroffen. 1981 schiebt BMW noch ein Sparmodell nach, den 315. Der bietet 75 PS für 15.850 Mark.

Am 1.7.1975 steht der erste 3er bei den Händlern: Zunächst sind nur die Vierzylinderausführungen (1,6 l mit 90 PS, 1,8 l mit 98 PS, 2,0 l mit 109 PS) lieferbar. Die schwarze Heckblende zwischen den Rückleuchten kommt im Januar 1976.

Von der Fachwelt gefeiert, von den Kunden geliebt: das fahrerorienierte Cockpit. Alle Schalter und Anzeigen sind optimal positioniert, die rote Instrumentenbeleuchtung schont die Augen bei Nachtfahrt.

Von Anfang an wollen aber viele Kunden mehr Kraft. Ab 1977 gibt es den 320 mit sechs Töpfen – abgesehen vom markanten Doppelscheinwerfer-Grill und den zwei Auspuffrohren sieht er genauso aus wie der Vierzylinder, besitzt aber zugunsten der Doppelscheinwerfer eine stärkere Lichtmaschine und eine größere Batterie. Der Sechszylinder sorgt für 122 PS. Das reicht für 181 km/h Spitze und kann für 17.980 Mark geordert werden. Zwei Monate später legt BMW mit dem Spitzenmodell 323i für 20.350 Mark nach: 143 PS reichen für den Sprint in 9,5 Sekunden, die Höchstgeschwindigkeit beträgt 192 km/h. Mit 13 Litern Benzin auf 100 Kilometer (mit Automatikgetriebe noch mal einen halben Liter mehr) ist das Auto aber kein Kostverächter. Doch das interessiert die Käufer kaum – sie schätzen die neuen Sechszylinder wegen ihrer hohen Leistung, der Drehfreudigkeit und der ausgezeichneten Laufkultur. Vier Scheibenbremsen sorgen für adäquate Verzögerung.

Insgesamt werden mehr als 1,36 Millionen Dreier-BMW der Baureihe E21 gebaut – inklusive der etwa 3000 Hardtop-Cabrios, die Baur für einen Aufpreis von rund 6000 Mark aus den Limousinen fertigt.

Der Sechszylinder bringt richtig Schub: Der 320i hat einen seidenweichlaufenden Sechszylinder-Reihenmotor, der dank K-Jetronic 125 PS mobilisiert. Es folgt der 323i, dessen 2,3-l-M60-Triebwerk mit 143 PS alle Sportfahrer begeistert.

Die Ursprünge von BMW liegen im Flugmotorenbau. Und auch bei der Präsentation des E30 im Jahr 1982 verzichtet man nicht auf den bildlichen Verweis auf die Anfänge des Unternehmens.

Die zweite Dreier-Generation: der E30 als Fortsetzung des Erfolgs

Nach dem großen Erfolg der ersten Dreier-Reihe präsentiert BMW ab 1982 die zweite Generation der Mittelklasse, zuerst als Coupé, danach als Viertürer, Vollcabriolet, als M3 und zuletzt als touring. Der c_W-Wert der intern E30 genannten Baureihe verbessert sich im Vergleich zum Vormodell von 0,45 auf 0,38 – auch wenn die Optik durchaus ähnlich ist. BMW spendiert neue Motoren, neue Fahrwerke und leichtere Getriebe. Auch die Dimensionen ändern sich: Die zweite Generation ist um 300 Millimeter kürzer, wächst aber um 35 Millimeter in die Breite. Baur steuert wieder sein Hardtop-Cabrio bei, zu einem Aufpreis von nun rund 7000 Mark.

Das Vierzylinder-Portfolio des E30 startet beim BMW 316 mit 90-PS-Vierzylinder, dazu gesellt sich der 318i mit 1.8-Liter-Vierzylinder-Einspritzer und 105 PS. Den günstigsten Dreier gibt es ab 19.250 Mark, die 15 PS stärkere und um neun km/h schnellere Variante kostet schon 21.500 Mark.

Das Design des E30 fällt in die Anfangszeit von Claus Luthe bei BMW, der im April 1976 die Leitung des Designs als Nachfolger von Paul Bracq übernimmt. Luthe stirbt 2008 im Alter von 75 Jahren in München.

Ab 1983 wird der 3er erstmalig auch viertürig angeboten. Dieser 320i-E30 der ersten Serie muss sich noch mit nur zwei Türen zufriedengeben.

Keine Kette: Erstmals kommen im 3er-Motor Zahnriemen anstatt Steuerketten für den Ventiltrieb zum Einsatz. Der M40 B16 macht im 316i den Anfang …

Die BMW-Kunden fordern wieder Sechszylinder in den Autos aus Bayern, und BMW bringt sie: Der Zweiliter-Motor im 320i leistet 125 PS und kostet 24.550 Mark, die 2,3-Liter-Maschine im beliebten 323i kommt mit 139 PS für 27.400 Mark. 1985 wird er durch den 325i mit 171 PS ersetzt. Ab 1986 übernimmt BMW selber den Bau des Cabriolets – es wird ein wunderschönes Vollcabrio.

Open-Air-Vergnügen: Ab dem E30 übernimmt das Werk die Initiative beim Cabrio-Bau. Wichtige Zielsetzung: Kein optisch störender Überrollbügel soll die elegante Linienführung beeinträchtigen.

Im Jahr 1985 feiert der BMW 325iX auf der IAA in Frankfurt seine Premiere als erstes allradgetriebenes Serienfahrzeug der Marke. 1988 kommt der BMW 325iX touring hinzu.

Die Umweltdiskussion führt zu dem ersten BMW mit Katalysator, dem 325e. Der Motor samt elektronischer Benzineinspritzung „Bosch Motronic" ist mit 2693 Kubikzentimetern absichtlich großvolumig und gedrosselt, zur Abgasreinigung sind ein Dreiwege-Katalysator und eine Lambda-Sonde nachgeschaltet. Das Modell kann mit Normalbenzin betrieben werden, ein Bosch-ABS gibt es gegen Aufpreis. Den Verbrauch gibt BMW mit 13 Litern auf 100 Kilometern an, mit Automatikgetriebe ist es ein halber Liter mehr. Nach nur einem Jahr erhält das Auto den Namen 325i KAT. Der Zweitürer wird mit 30.900 Mark gehandelt. Ab 1987 besitzen alle E30 Katalysatoren.

1985 kommen die Bayern mal wieder mit einer kleinen Sensation: Mit dem 325iX bringt BMW sein erstes Allradfahrzeug nach dem zweiten Weltkrieg heraus, ausschließlich als zwei- und viertürige Limousine. Er besitzt dezente Seitenschweller und die Bezeichnung „iX" am Heck, aber die eigentliche Sensation steckt unter dem Blech.

Der Allradantrieb ist permanent ausgelegt, das System besitzt ein zentrales Planetendifferenzial mit einer Drehmomentverteilung von 37 Prozent vorne und 63 Prozent hinten. Dazu gibt es Visco-Sperren für das zentrale und hintere Differenzial. Den Antrieb der 1215 Kilo schweren Limousine übernimmt ein Sechszylinder-Reihenmotor mit 171 PS. Die Basis-Version kostet am 2. September 1985 42.500 Mark. Auch der iX ist mit Katalysator ausgerüstet, man kann allerdings bei Bestellung aller Modelle „Entfall Katalysator" ankreuzen. Ab 1988 gibt es den Allradantrieb im touring.

Spätestens seit dem BMW 1602 von 1972 sind die Bayern ernsthaft auf der Suche nach alternativen Antrieben. Der nächste Schritt im Rahmen des Forschungsprojekts „Elektroauto mit Hochenergiebatterie" sind acht umgerüstete BMW 325ix mit den Karosserieformen Limousine, Coupé und touring. Ihnen wird der Allradantrieb genommen, dafür bekommen sie eine neue und wartungsfreie Natrium-Schwefel-Batterie. Sie besitzen eine dreifach höhere Energiedichte. Für die Forschung baut BMW einen speziellen Prüfstand mit integriertem Leistungsrechner. Ebenfalls neu ist das elektronische Antriebsmanagement, das die Aufladung an der Steckdose, den Energiefluss zwischen Motor, Batterie und Thermohaushalt des Systems regelt. Erstmals wird ein 3er touring mit E-Antrieb als Postauto eingesetzt, andere dienen Kommunen und Landesbehörden. Zu kaufen ist das Auto jedoch nicht.

Eine Segmentlücke, die BMW füllt: Mit dem touring beginnt das Zeitalter der Lifestyle-Kombis.

Ein Novum stellt der Dieselmotor in der Dreier-Reihe dar. Der 324d, der von 1985 bis 1991 mit 86 PS starkem Wirbelkammer-Reihensechszylinder angeboten wird, kostet bei seinem Erscheinen 27.450 Mark. Ab 1987 bietet BMW eine zweite Variante an, den 324td. Der besitzt einen Garrett-Turbolader und leistet 115 PS.

Den ersten E30-touring gibt es zunächst als 325i, die eigentliche Produktion beginnt aber erst 1988. Letztlich hat der Kunde die Wahl zwischen 316i, 318i, 320i, 323td, 325i und 325iX. Der kleine Kombi wird ein voller Erfolg und eine feste Säule im BMW-Portfolio – die Kunden nutzen den Wagen allerdings weniger als Arbeitsgerät, sondern immer öfter für die neu erwachenden Freizeitaktivitäten, um zum Beispiel Sportgeräte zu transportieren. Insgesamt werden weit mehr als 100.000 E30-Kombis produziert. Die technischen Daten entsprechen denen der Limousine mit Ausnahme des Gewichts.

Understatement in Brillantrot: Als „M3 des kleinen Mannes“ kommt 1989 der 318iS mit dem 136 PS starken M42-Vierventiltriebwerk, serienmäßig mit Scheibenbremsen an der Hinterachse, M-Technic-Sportfahrwerk mit Bilstein-Dämpfern und 15-mm-Tieferlegung sowie M-Technic-Sportlenkrad.

M GC 9399
D
www.bmw-classic.de

2 FREUDE AM FAHREN: DER E36 SETZT NEUE MAẞSTÄBE

Das „Gesicht" des 3er im Wandel der Zeiten: dynamisch, innovativ und stets unverwechselbar BMW. Jede neue Generation ist eine harmonische Kombination aus Tradition und Moderne, aus klassischen und innovativen Elementen, Ähnlichkeit immer wieder spannend neu interpretiert.

1990 ist es Zeit für die dritte Generation der Dreier-Reihe. Von ihren Vorgängern, der 02er- und den zwei 3er- Reihen, sind seit 1966 insgesamt rund 4,5 Millionen Exemplare gebaut worden. Das spricht für den richtigen Weg. Selbstverständlich also erhält der E30 einen Nachfolger, intern E36 genannt. Das Modell wird von Grund auf neu entwickelt.

Vier Karosserievarianten sind von Anfang an geplant: Limousine (diesmal im Gegensatz zum E30 gleich als Viertürer, weil der viertürige E30 ein großer Erfolg war), Coupé, Cabriolet und touring. Natürlich ist auch eine M3-Version in Planung. Erst später entscheidet sich BMW für den Bau des 22,5 Zentimeter kürzeren compact (ab 1994) sowie die technische Basis des E36 als Grundlage für einen Roadster zu benutzen, nämlich den Z3, der erst 1995 kommt.

Schon 1988 glaubt die *Auto Zeitung*, alles über den künftigen E36-Modellmix zu wissen: „Beim neuen Modell müssen wir die Palette zusammenstreichen," zitiert sie einen BMW-Manager, „Kosten senken ist heute unser oberstes Gebot". Und die *auto motor und sport* weiß Ende 1989 sogar: „Den touring gibt es gar nicht mehr", dafür aber eine Allradvariante. Es kommt andersherum: Der touring ist gesetzt, aber der Allradantrieb fällt weg – kein Wunder: Im ersten Quartal 1990 verlangten gerade noch 1,3 Prozent der Käufer eine X-Version des E30.

Produktionsanlauf der E36-Limousinen im August 1990. Im Frühjahr 1991 folgen die Coupés.

Der E36 gerät zur Familie zum Knutschen. Der Viertürer wird in ein paar Abmessungen zur Blaupause für die folgenden Varianten: Der Radstand von 2700 Millimetern gilt für alle hier beschriebenen E36-Varianten bis zur Einstellung der Modelle, ebenso die serienmäßige Ausstattung mit einem Fünfgang-Handschaltgetriebe mit Ausnahme des M3 nach der Modellpflege 1996: dem wurden sechs Gänge spendiert. Und bis auf den compact und den M3 sind auch alle E36 gleich lang: 4433 Millimeter.

Als die ersten Tests des neuen Dreiers im Dezember 1990 von den Fachpublikationen veröffentlich werden, schreibt zum Beispiel die *mot*: „Der neue 3er musste ein Top-Auto werden. Er wurde eins." BMW-Entwicklungschef Dr. Wolfgang Reitzle antwortet auf die Frage nach dem Geheimnis des Dreiers: „Kompaktheit, Agilität, Fahrfreude; das Gefühl, dass alles sitzt und passt, dass das Auto dem Fahrer genauestens gehorcht. Das sich-mühelos-bewegen-lassende." Laut *Auto Zeitung* werden noch vor der Präsentation bereits 70.000 Stück verkauft.

Der E36 zeigt sich mit aerodynamisch stark verbesserter Form und kommt mit 13 Zentimetern mehr Radstand als beim Vorgänger. Die im Laufe seines Produktionszyklus bis 1999 angebotene Zahl der Modellvarianten übertrifft bei weitem die seines Vorgängermodells.

Der E36 wird mit seinem Mix aus kompaktem, agilem Fahrzeug und sportlicher Motorisierung zum Vorbild für eine ganze Fahrzeugklasse.

Zum Erfolgsrezept des E36 gehört auch die Globalisierung. So wird die bis dahin meistverkaufte BMW-Baureihe nicht nur an den drei bayerischen Standorten München, Regensburg und Dingolfing produziert, sondern auch als Montage aus CKD (Complete Knocked Down)-Sätzen in Asien und Südafrika. Zudem ist es ein 318i, der im September 1994 als erster BMW im neuen amerikanischen Werk Spartanburg gebaut wird. Ab 1995 läuft hier auch der Roadster Z3 vom Band.

1992 rangiert der 3er-BMW In der deutschen Zulassungsstatistik sogar an Platz 3 hinter dem VW Golf und dem Opel Astra. Ab 1993 muss er sich gegen die neue C-Klasse von Mercedes behaupten.

Im Mai 1998 geht die vierte Generation des 3er-BMW als Limousine (E46) an den Start und löst – allmählich – den E36 ab. Im Mai 1999 wird das Coupé der Serie E36 eingestellt, im August das M3 Cabriolet, im Herbst die weiteren Cabrio-Varianten. Im August 2000 wird der letzte BMW 3er der Serie E36 gebaut, ein compact. Insgesamt entstehen laut BMW-Produktionsstatistik 2.745.780 E36 – ohne die Z3-Modelle.

DIE LIMOUSINE

Schon vor der offiziellen Fahrpräsentation zeigt sich die Fachwelt freudig überrascht von der neuen Dreier-Limousine: Gegenüber dem Vorgänger sähe er zierlich und wuchtig zugleich aus, wird konstatiert. Keine Kanten mehr, dafür eine lange, sanft abfallende Motorhaube und die Niere so breit wie beim

Treffpunkt Altes Fahrerlager Nürburgring: Hier ein ganz frühes 318i-Exemplar aus 1990. Der damalige Erstkäufer bestellt das mechanische Schiebedach und das Sportfahrwerk (die weißen Blinker sind nachgerüstete Originalteile) und verzichtet auf jegliche sonstigen Extras.

Die Chronologie der diversen E36 laut Kraftfahrtbundesamt nach Zulassungsbeginn:

Bauart	Bauzeit	Modell	PS
1990			
Limousine	9/90-8/93	318i	113 PS
Limousine	9/90-12/95	325i	192 PS
1991			
Limousine	1/91-2/98	320i	150 PS
Limousine	3/91-8/93	316i	100 PS
Limousine-Diesel	9/91-2/98	325td	115 PS
Coupé	10/91-2/95	325i	192 PS
Coupé	12/91-11/98	320i	150 PS
1992			
Coupé	1/92-12/95	318is	140 PS
Coupé	11/92-7/95	M3	286 PS
1993			
Cabriolet	3/93-8/95	325i	192 PS
Limousine	5/93-2/98	325tds	143 PS
Limousine	9/93-5/98	316i	102 PS
Coupé	9/93-5/98	316i	102 PS
Limousine	9/93-11/98	318i	115 PS
Limousine	9/93-12/95	318is	140 PS
Coupé	9/93-5/95	M3 GT	295 PS
Cabriolet	11/93-11/99	320i	150 PS
1994			
compact	1/94-8/00	316i	102 PS
Cabriolet	3/94-11/99	318i	115 PS
Cabriolet	4/94-7/95	M3	286 PS
compact	9/94-12/95	318ti	140 PS
1995			
Limousine	1/95-2/98	318tds	90 PS
touring	1/95-4/99	320i	150 PS
Limousine	1/95-4/98	328i	193 PS
Coupé	1/95-4/99	328i	193 PS
Cabriolet	1/95-11/99	328i	193 PS
touring	2/95-4/99	328i	193 PS
touring	3/95-4/99	318tds	90 PS
touring	3/95-4/99	325tds	143 PS
Limousine	5/95-11/98	323i	170 PS
Coupé	5/95-4/99	323i	170 PS
compact	6/95-8/00	318tds	90 PS
touring	9/95-4/99	318i	115 PS
Coupé	9/95-4/99	318is	140 PS
Limousine	10/95-1/98	M3	321 PS
Coupé	10/95-1/98	M3	321 PS
touring	12/95-4/99	323i	170 PS
1996			
Limousine	1/96-5/98	318is	140 PS
compact	1/96-8/99	318ti	140 PS
compact	2/96-8/00	316g	102 PS
Cabriolet	3/96-9/99	M3	321 PS
1997			
touring	3/97-5/99	316i	102 PS

Quelle: Kraftfahrt-Bundesamt

Auch der E36 trägt seine Nieren als unverkennbares Markenzeichen zwischen den charakteristischen Doppelscheinwerfern.

Siebener-Zwölfzylinder. Die stärker geneigte Frontscheibe fällt genauso auf wie der längere Radstand im Vergleich zum Vorgänger, das sind ganz neue Proportionen. Und sie hinterlassen einen viel dynamischeren Eindruck. Dazu passt das relativ kurze, aber hohe Heck mit der schräg stehenden Scheibe. Man bemerkt die große Fahrgastzelle, die kurzen Überhänge, den fast völlig chromlosen Auftritt. Und natürlich die runden Doppelscheinwerfer, die zumindest in Europa hinter einer Glasplatte positioniert werden. Schon die Limousine besitzt eine klappbare Rücksitzbank, deshalb mutmaßen Fachblätter vor dem Erscheinen des E36, dass möglicherweise kein Kombi geplant ist. Das Stuttgarter Magazin *auto motor und sport* schreibt von „organischer Symbiose aus Tradition und Moderne" mit einer nun flacher abfallenden Haube, den kleineren Kühleröffnungen, der breiteren Niere.

Der ab 1995 gefertigte 318tds macht – wie seine Benziner-Geschwister – auch in der Heckansicht eine gute Figur.

Der Presse wird der E36 im November 1990 in Miramas auf dem BMW-Versuchsgelände präsentiert. Als viertüriger BMW 316i, 318i, 320i und 325i trifft der E36 im Januar 1991 in den Schauräumen der deutschen BMW-Händler ein.

Nach der Karriere steht fest: Von der Limousine verkauft BMW den 318i am besten. Insgesamt werden genau 1.553.003 Limousinen gebaut, inklusive 12.603 M3-Viertürer.

Das Exterieur-Design

Die Fachwelt – und nicht nur die – ist erfreut über die stilvolle Eleganz, die die E36-Limousine auf den ersten Blick ausstrahlt. So wie das Auto technisch völlig neu entwickelt worden ist, so anders ist auch das Design im Vergleich zum Vorgänger – ohne dass man den E36 nicht mehr als BMW erkennen kann. Neben der schlanken Silhouette fällt sofort die glatte Front der neuen Limousine auf. Zu dem daraus resultierenden hervorragenden c_W-Wert von 0,29 (beim 316i, das geht bis 0,32 bei den anderen Limousinen) tragen neben der dynamischen Linienführung mit der markanten Keilform, der weit abgesenkten Motorhaube und der angehobenen Heckpartie auch solche Raffinessen wie karosseriebündige Scheiben oder gezielte Diffusor-Kühlluftführung im Motorraum bei. Mit dem Vorgänger hat dieser 3er-BMW daher kaum noch etwas gemein, aber die Familienzugehörigkeit bleibt erkennbar. Er ist anhand typischer Styling-Elemente wie selbstverständlich der – wenn auch etwas zurückgesetzten – Niere im Kühlergrill als beherrschendem Formelement und Wahrzeichen der Marke nach wie vor als BMW zu identifizieren.

Der E36 kommt absolut modern daher und lässt den Vorgänger ganz schön alt aussehen (was Fans heute natürlich nicht mehr so sehen). Die Formensprache weist bereits auf die folgenden neuen Siebener- und Fünfer-Reihen hin. „Design ist nicht alles, aber die Voraussetzung für Vieles. Zum Beispiel dafür, daß Form und Funktion harmonisieren. Daß innere Qualitäten sich in äußeren widerspiegeln. Daß Technik und Ästhetik sich ergänzen. Und daß aus Überzeugung Faszination wird", schreibt BMW später dazu.

Die verantwortlichen Designer für die dritte Generation der BMW 3er-Reihe sind Pinky Lai und Boyke Boyer unter der Leitung von Claus Luthe. Der legendäre BMW-Designchef lässt das chinesische Nachwuchstalent Lai eine viertürige Limousine mit langem Radstand, angedeuteter Keilform und kurzen Überhängen zeichnen, die von der Presse mit Lob geradezu überschüttet wird.

„So viel Chic wie ein Italiener, so solide wie ein Mercedes und so geräumig wie ein Audi", heißt es schnell. Claus Luthe hat schon vorher ein gutes Händchen für faszinierende Formen bewiesen. Er stößt 1976 zu BMW und löst Paul Bracq ab. Allerdings verschuldet er 1990 – also im ersten E36-Jahr – den Tod seines Sohnes, der während eines Streits mit dem Vater tödlich verletzt wird. Das Gericht setzt die Haftstrafe, auf Bewährung aus. Mit BMW einigt er sich auf einen vorzeitigen Ruhestand. Sein Nachfolger wird der ebenso geniale wie polarisierende Chris Bangle, in dessen Verantwortung der E46 fallen wird. Wie dem auch sei: Luthes Entwurf erweist sich als überaus langlebig und weitsichtig, um auch noch im 21. Jahrhundert zu wirken.

Charakteristisches Merkmal ist und bleibt die Front. Während die Wettbewerber mit breiten Rechteckleuchten imponieren wollen, vertrauen die Münchner weiter auf die markentypischen, schon 1968 beim BMW 2002 eingeführten Doppelstrahler, spendieren diesen jetzt jedoch rechteckige Deckgläser. Diese aerodynamisch verkleideten Frontscheinwerfer machen den E36 im Vergleich zu den größeren Serien deutlich eigenständiger. Über die Scheinwerfer wird allerdings viel diskutiert. Es sind schließlich nicht mehr die vertrauten BMW-„Augen". Trotzdem ist der Doppel-Rundscheinwerfer sofort als BMW-Eigenheit zu identifizieren.

Sauber gemeißelte Kanten, straffe Linien und ein kurzer Überhang vorne sind absolut Dreier-typisch. Ebenso der Knick in der C-Säule (der sogenannte „Hofmeister-Knick", benannt nach dem ehemaligen Chefdesigner Wilhelm Hofmeister, der dieses Styling-Element des typischen Gegenschwungs an der hinteren Seitenscheibe zuerst bei der Neuen Klasse einführt), der für optischen Zusammenhalt der BMW-Flotte sorgt. Eine seitliche Sicke gibt den Türgriffen optischen Halt. Stoßfänger und Bugspoiler bilden vorne eine Einheit, die hintere Stoßstange ist tief nach unten gezogen und läuft seitlich bis an den hinteren Radlauf. Die Schwellerleisten sind leicht tailliert. Front- und Seitenscheiben stehen nicht mehr so steil, das Heck ist kurz, aber hoch. In Sachen Chrom ist nur noch ein kleiner feiner Streifen übriggeblieben.

Anfangs sind die Uni-Lackierungen Alpinweiß, Schwarz II, Dunkelblau, Dunkelgrün und Brillantrot zu haben. Aufpreispflichtige Metallic-Lackierungen sind Sterlingsilber, Granitsilber, Diamantschwarz, Gletscherblau, Mauritiusblau, Lagunengrün, Kaschmirbeige, Calypsorot und Brokatrot. 1997 bietet BMW zehn verschiedene Außenlackierungen an: In Uni Alpinweiss, Hellrot, Schwarz und Dunkelblau, als Metallic-Lack Bostongrün, Arktissilber, Moreagrün, Montrealblau, Techno-Violett und Cosmosschwarz.

Die viertürige Limousine erhält 1992 den „Car Design Award" der italienischen Automobildesigner. Etwa 50 Prozent der Limousinen-Käufer und 70 Prozent beim Coupé begründen im Jahr 1994 ihre Entscheidung fürs Auto mit dem jeweiligen Design.

Das größte Lob für den E36 kommt aber von einem der berühmtesten Autodesigner dieser Welt, dem Altmeister Nuccio Bertone: „Das Dreier-Design ist eines der professionellsten der Styling-Geschichte!"

Die Karosserie

Die Karosserien geraten mit 4,43 Metern Länge elf Zentimeter länger, mit 1,7 Metern gut fünf Zentimeter breiter und einen Zentimeter höher als beim Vorgänger. Sie lassen so viel Platz, dass sich das Gepäckraumvolumen um zehn Liter auf 435 Liter

Die BMW-typischen Doppelstrahler samt außenliegender Blinker wirken unter ihren Deckgläsern im Rückblick wie ein gelungener Kompromiss aus Tradition und aerodynamikbedingtem Pragmatismus, sorgen bei Einführung des E36 aber durchaus für Diskussionsstoff…

Auch dank des sogenannten „Hofmeister-Knicks" in der C-Säule und des kurzen vorderen Überhangs ist der E36 als typischer Bayer zu erkennen.

erhöht. Beim 325i sind es 31 Liter mehr, weil beim Vorgänger E30 die Batterie aus Gewichtsgründen im Gepäckraum untergebracht war und Platz benötigte. Im E36 befindet sich der Akku zwar immer noch dort, raubt aber keinen Laderaum mehr.

Der Radstand erhöht sich um 13 Zentimeter auf 2700 Millimeter. Die von Gasdruckfedern abgestützte Gepäckklappe reicht jetzt bis 30 Millimeter über die Stoßfläche, Beladen ist dadurch nicht mehr so mühsam. Innen befinden sich Ösen an den Radhäusern und am Abschlussblech zum Verzurren.

Die Haube ist nicht mehr vorne, sondern jetzt hinten angeschlagen. Sie lässt sich in zwei Stufen öffnen. Der Winkel von 53 Grad reicht für normale Servicearbeiten, man kann sie aber auch auf 83 Grad öffnen – sollte es tiefgreifendere Probleme geben. Das moderne Design bringt aber auch mit sich, dass man die vorderen und hinteren Ecken der Karosserie vom Fahrerplatz aus nicht mehr sehen kann.

Dafür freut sich jeder über die ausgefeilte Aerodynamik der Karosserie. Dazu trägt die ausgeprägte Keilform bei, aber auch die stärkeren Neigungen von Front- und Heckscheibe (61 und 66 Grad), die karosseriebündig verklebten Scheiben rundum, die gezielte Kühlluft-Förderung im Motorraum zu den Bremsen, die nach hinten geneigte Frontpartie mit den abgedeckten Doppelscheinwerfern, die vom Türrahmen abgedeckten A-Säulen, die flexiblen Staulippen im Bereich vor den Vorderrädern, die optimierten Radblenden, die Formen der Außenspiegel, die Gepäckraumklappe mit strömungsgünstiger Abrisskante und die gezielt geführte Unterbodenströmung bis ins Heck. Gerade Letzteres bedeutet eine Auftriebsverringerung an der Vorderachse um 19 Prozent, an der Hinterachse um 44 Prozent. Das wiederum führt zu besserem Geradeauslauf, gutem Seitenwindverhalten und besserer Lenkfähigkeit. Die Motorhaube ist zur Frontscheibe etwas angezogen und verdeckt somit zum Teil die sonst im Wind stehenden Scheibenwischer. Auch die Anschlüsse für die schraubbare Abschlepp-Öse sind verdeckt.

Die Limousine besitzt eine selbsttragende und sehr steife Ganzstahlkarosserie, die mit der Bodengruppe verschweißt ist und einen integrierten Dachquerträger besitzt. 98 Prozent aller Schweißpunkte der Karosserie sind automatisch gesetzt. Die Basis ist mit ausgeklügelten Profilquerschnitten verstärkt und dank großvolumiger Trägerstrukturen sehr steif. Die Verwindungsneigung (Torsion) kann im Vergleich zum Vorgänger um 60 Prozent reduziert werden. Die Türen sind jetzt bis ins Dach gezogen. Es gibt keine Regenrinnen mehr – deren Aufgabe übernimmt das Wasserauffangprofil in den Gummidichtungen. Hohlraumversiegelung, Unterbodenschutz und Kunststoffeinsätze in den vorderen Radhäusern sollen Korrosion verlangsamen. BMW wirbt mit sechs Jahren Garantie gegen Durchrostung.

Ein alter Bekannter: Der im 320i und 325i verbaute M50-Sechszylinder arbeitete bereits zuverlässig im E34-Fünfer.

Die Motoren

Bei den Motoren ist BMW nicht ganz so innovativ wie beim Design oder der Karosserie. Als Einstieg bietet BMW zunächst den 318i für 32.800 Mark an, bald darauf den 30.800 Mark teuren 316i. Beide besitzen den praktisch unveränderten M40-Vierzylinder der Vorgängermodelle. Zwar sind die E36-Karosserien schwerer als die ihrer Vorgänger (316i: 50 Kilo, 318i: 55 Kilo), dennoch sind die E36-Vierzlinder schneller. Der neue 316i rennt mit 102 PS 191 km/h, der alte nur 182 km/h. Dabei sinkt auch noch der Verbrauch: von 8,5 Liter auf 7,9 Liter im Schnitt. Der 318i schafft dank 115 PS nun Spitze 198 km/h statt 188 km/h und verbraucht 8,3 Liter statt 8,5 Liter. Der Grund: die gute Aerodynamik. Die sich allerdings nicht im Sprint auswirkt: Der 316i braucht für die Beschleunigung von 0 auf 100 km/h jetzt 12,9 statt 12,1 Sekunden, der 318i 11,3 statt 10,8 Sek. Auch die Vierzylinder arbeiten, wie die Sechszylinder, mit digitaler Motorelektronik von Bosch. Die Vierzylinder sind ebenso wie die Sechszylinder mit Lambdageregelter Dreiwege-Katalysatortechnik ausgestattet – und das schon vor dem E36, nämlich seit 1987.

Die wassergekühlten Vierzylinder-Viertakt-Reihenmotoren sind vorn um 30 Grad längsgeneigt eingebaut, arbeiten nach dem Querstromprinzip und besitzen sphärische Brennräume, eine obenliegende, fünffach gelagerte Nockenwelle, hydraulischen Ventilspielausgleich und eine fünffach gelagerte Kurbelwelle mit acht Gegengewichten. Der Visco-Lüfter ist drehzahlabhängig und wird thermostatisch gesteuert. Dazu gibt es eine Digitale Motor Elektronik (DME) mit On-Board-Diagnose und Notlaufeigenschaften. Die Zündleitungen sind gegen Marderbiss geschützt. Ein Aktivkohlefilter mit gesteuerter Tankentlüftung ist ebenfalls vorhanden.

BMW lässt die Kunden nicht im Dunkeln, woher die Vierzylindertechnik kommt und dass man sich nicht schämen muss, keinen Sechszylinder zu fahren: „Erfahrungen sind bekanntlich dazu da, daß man sie nutzt. Deshalb haben wir die Erfahrungen, die wir bei der Entwicklung des BMW-Zwölfzylinders gewonnen haben, konsequent für unsere Vierzylinder-Motoren verwertet. Die entscheidenden Bauteile wurden direkt vom Zwölfzylinder abgeleitet. Die Leichtbaukolben haben asymmetrische Brennraummulden wie beim Zwölfzylinder. Der Zylinderkopf hat Brennräume wie der des Zwölfzylinders. Das Ergebnis ist – wie beim Zwölfzylinder – ein bemerkenswert guter thermischer Wirkungsgrad: für eine hohe Leistung und ein sehr gutes Drehmoment pro Liter Hubraum, für einen günstigen Verbrauch und niedrige Emissionswerte. Auch die Motorelektronik ist vergleichbar mit der des Zwölfzylinders. Sie wurde lediglich abgestimmt auf das Vierzylinder-Konzept. Der Erfolg der Feinarbeit: ein laufruhiger, kultivierter, drehfreudiger und kraftstoffsparender BMW-Vierzylinder. Mit 1,6 oder 1,8 Liter Hubraum.“

In Verbindung mit der Einführung einer zylinderselektiven Klopfregelung wird die Verdichtung auf 9,7:1 erhöht. In Summe bringen diese beiden Maßnahmen einen um drei Prozent niedrigeren Kraftstoffverbrauch. Bei der Klopfregelung verfolgt BMW konsequent die Auslegungsphilosophie, diese nicht nur als Sicherheitsfunktion, sondern als ständig aktiven Bestandteil der Motorsteuerung zur Verbrauchsreduzierung und Drehmomentsteigerung einzusetzen. Voraussetzung dafür ist eine Klopferkennung, die auch noch bei ROZ 98 aktiv ist und die eine Motorregelung dicht an thermodynamisch optimalen Bereichen erlaubt. Aus diesem Grund sind in den BMW-Vierzylindermotoren jeweils zwei nahe an den Brennräumen liegende Klopfsensoren integriert. Das Ansprechverhalten des Motors wird einerseits durch die Klopfregelung erzielt, die bei Beschleunigungsvorgängen die frühestmöglichen Zündwinkel einstellt und damit die jeweils bestmöglichen Drehmomentwerte ermöglicht. Andererseits wurden die dynamischen Motronic-Funktionen, also die Reaktion der neuen Digitalen Motor Elektronik (DME) auf Laständerungen des Motors, weiter verbessert. Die Motronic steuert jetzt die Zündung über die neue ruhende Zündverteilung (RZV). Die Zündverteilung erfolgt dabei im Motronic-Steuergerät ohne mechanisch bewegte Teile. Durch den Entfall des Verteilers kann nicht nur die Ausfallsicherheit, sondern auch die elektromagnetische Verträglichkeit (EMV) verbessert werden, was zu einem verbesserten Radio- oder gegebenenfalls Telefonempfang führt.

Den größten Einzelanteil an der Verbrauchsabsenkung gegenüber dem vorherigen Vierzylinder-Zweiventilmotor hat ein Novum in der BMW-Motorentechnik: die Rollenschlepphebel, mit denen die Reibung zwischen Nockenwelle und Schlepphebel verringert wird. Die Wirkung besonders bei niedrigen und mittleren Drehzahlen zeigt eine Vergleichsmessung der Reibmomente des bisherigen Ventiltriebs mit Gleitschlepphebel. Dabei ist der Reibmomentverlauf zwischen der Leerlaufdrehzahl und 6000 Umdrehungen bei den Rollenschlepphebeln praktisch konstant niedrig, das Reibmoment herkömmlicher Gleitschlepphebel dagegen um das Dreifache, bei etwa 1000 Umdrehungen und noch um fast das Doppelte bei etwa 6000 Umdrehungen, höher. Schon beim Leerlauf bedeutet die Absenkung der Reibung im Zylinderkopf eine Verbrauchssenkung um sechs Prozent.

Eine weitere Maßnahme zur Erhöhung des Wirkungsgrades sind die von ursprünglich 140 Millimeter auf 145 Millimeter verlängerten Pleuel. Dadurch werden die Kraftanteile aus der Verbrennungskraft auf die Kurbelwelle erhöht und gleichzeitig die Kolbenreibung an den Zylinderwänden verringert. Diese konstruktive Maßnahme wird durch neue, um rund zehn Prozent leichtere Kastenkolben mit neuen Kolbenringen ergänzt. Vorteile dieser Kolben sind eine um fünf Prozent geringere Kolbenringflächenpressung und eine Geräuschabsenkung durch die Reduzierung der Massenkräfte zweiter Ordnung.

Auch die M50-Sechszylinder – gleich erkennbar am Öleinfüllstutzen nahe an der Windschutzscheibe – sind nicht brandneu, sondern arbeiten bereits in der neuen Fünfer-Reihe (E34). Sie verfügen über zwei Nockenwellen und über vier Ventile pro Brennraum. Im 320i arbeitet der Vierventiler aus dem 520i mit 150 PS, damit sind das 21 PS mehr als beim Vorgänger. Der 320i wiegt auch 110 Kilo mehr als sein Vorgänger, trotzdem rennt er 214 km/h statt 197 km/h und sprintet in 9,8 statt in 10,6 Sekunden. Und er verbraucht nur noch 9,5 statt zehn Liter. Der BMW 320i kostet anfangs genau 40.000 Mark. Der 325i leistet mit seinem Vierventiler aus dem 525i und einem Hubraum von knapp 2,5 Litern 192 PS, ist also 22 PS stärker als der alte 325i. Der E36 wiegt 95 Kilo mehr, schafft aber 233 km/h statt 218 km/h und den Sprint in 7,0 statt 8,3 Sekunden. Der Verbrauch ist allerdings nur wenig geringer mit 9,5 statt 9,7 Litern. Beide Sechszylinder konsumieren Superbenzin. Der BMW 325i kostet stolze 49.000 Mark. Allen Autos werden übrigens größere Tanks als beim jeweiligen Vorgänger spendiert – bei den Vierzylindern plus zehn Liter, bei den Vierventilern plus drei Liter.

Die Sechszylinder sind ebenfalls Viertakt-Reihenmotoren, besitzen obenliegende, siebenfach gelagerte Nockenwellen und siebenfach gelagerte Kurbelwellen mit 21 Gegengewichten. Zur Digitalen Motorelektronik gehören eine ruhende Zündspannungsverteilung, Zündstromrückmeldung, Heißfilm-Luftmassenmessung und eine zylinderselektive Klopfregelung. Die Motoren sind ausgelegt für bleifreies Superbenzin mit 95 ROZ. Der 320i besitzt ein ovales Auspuff-Endrohr, unterm 325i hängt eine Auspuffanlage mit zwei Katalysatorsträngen in paralleler Monolith-Anordnung. Sie endet in zwei ovalen Doppel-Endrohren.

Im Laufe des Jahres 1992 erhalten die Sechszylinder eine **va**riable **No**ckenwellenverstellung namens „VANOS". Zuerst steckt diese aber im 286 PS starken M3-Sechszylinder. Mit VANOS fahren sich auch 320i und 325i kraftvoller und spürbar elastischer. VANOS macht den gesamten Ventiltrieb leichter, die Einlassventile haben nun zwei verschiedene Öffnungszeitpunkte: Abhängig von der gefahrenen Drehzahl und von der Stellung des Gaspedals verstellt VANOS hydraulisch-mechanisch die Nockenwelle der Einlassventile um 12,5 Grad. Dadurch werden nicht nur die Leerlaufqualität und der Rundlauf im unteren Drehzahlbereich verbessert, sondern vor allem auch der Drehmomentverlauf und das Beschleunigungsvermögen im mittleren Drehzahlbereich. Außerdem wird der Verbrauch gesenkt und das Emissionsverhalten verbessert.

VANOS wird beeinflusst durch die Digitale Motor Elektronik (DME). Sie steuert elektronisch alle wichtigen Funktionen des Triebwerks und des Dreiwege-Kats und regelt die perfekte Gemischzusammensetzung und den Zündzeitpunkt bei der neuen zylinderselektiven Klopfregelung. Auf der einen Seite erlaubt die Klopfregelung eine Erhöhung der Verdichtung des Kraftstoff-Luft-Gemisches, um den Wirkungsgrad zu verbessern und damit auch den Verbrauch zu senken. Auf der anderen Seite ermöglicht sie es, im Notfall mit bleifreiem Normalbenzin zu fahren, falls es mal kein Super-Bleifrei geben sollte. Zudem kontrolliert die DME jetzt den Zündstrom eines jeden Zylinders. Falls der Strom einer der sechs Einzelzündspulen tatsächlich einmal unterbrochen sein sollte, sperrt sie sofort die Kraftstoffzufuhr des jeweiligen Zylinders.

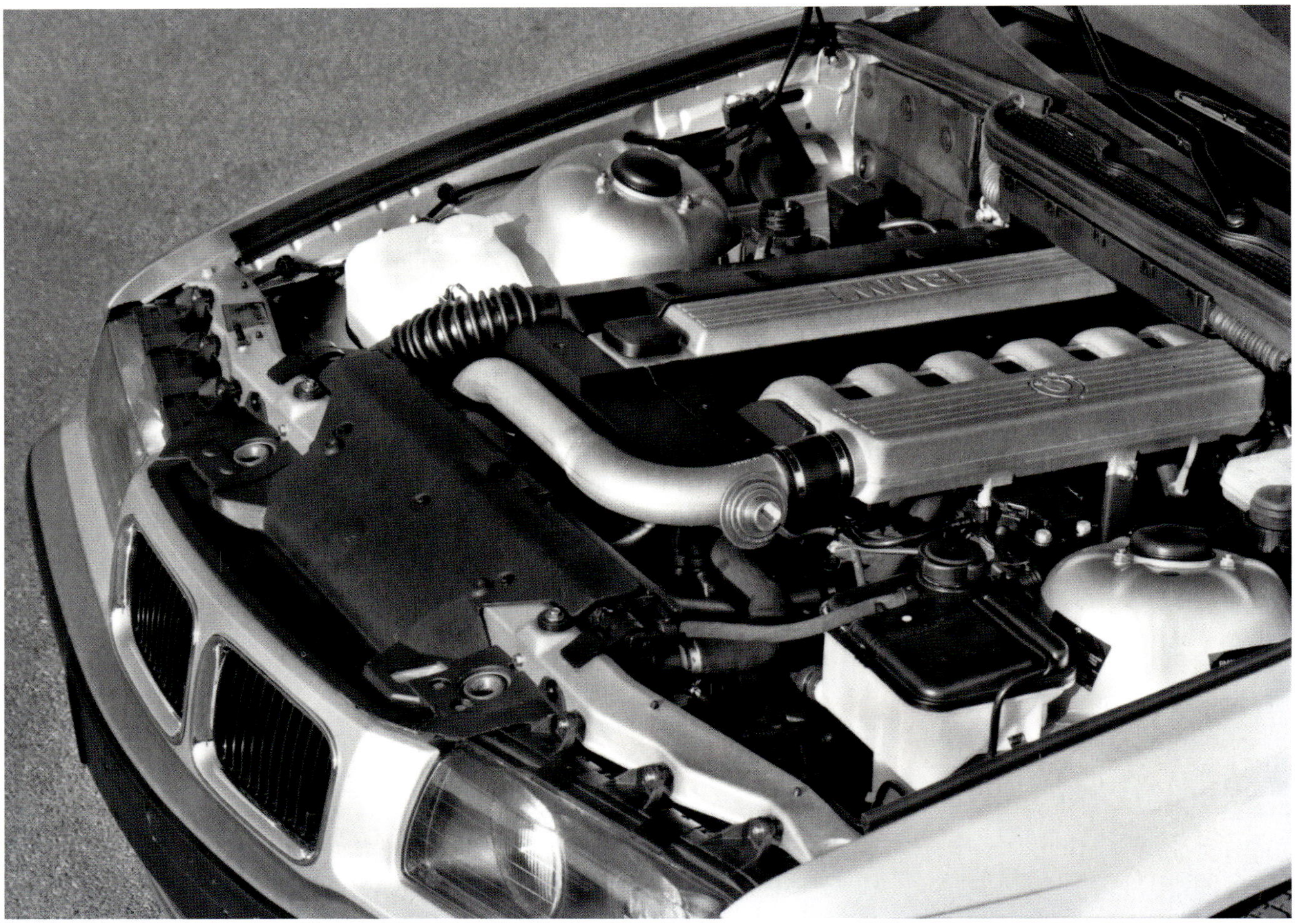

Der M51-Sechszylinder-Turbodiesel sorgt von 1991 bis 1998 für 115 PS im 325td.

Ab 1995 kann der sparsame 3er-Interessent zum 318tds greifen, in dem der vierzylindrige M41 90 PS bereitstellt.

Nach den Benzinern folgt eine Dieselversion. 1991 kommt der 325td auf den Markt mit 2,5-Liter-Sechszylinder-Turbodiesel und 115 PS. Der 2,5-Liter-Reihensechszylinder-Diesel ist mit fast aller Technik ausgerüstet, die zu jener Zeit angesagt ist: Turbolader, modifiziertem Wirbelkammerverfahren, Abgasrückführung mit Dieselkatalysator sowie DDE. So heißt bei den Dieselversionen die „Digitale Motor Elektronik". Sie sorgt für eine Feinabstimmung zwischen Einspritzbeginn, Fördermenge des Dieselkraftstoffes und Ladedruck. Ziel: hohe Wirtschaftlichkeit, verbesserte Laufkultur und möglichst geringer Schadstoffausstoß. Sowohl DME als auch DDE sind mit einer On-Board-Diagnose ausgestattet. Sie soll Störungen erkennen, bevor diese Schäden anrichten konnten. Die Fehlermeldungen werden elektronisch gespeichert, eine Werkstatt kann den Speicher auslesen und die Fehler finden.

Das modifizierte Wirbelkammerverfahren sorgt dafür, dass während des Kompressionshubs Luft vom Hauptbrennraum über einen Schusskanal in eine kugelförmige Kammer gedrückt wird. Dabei entsteht ein starker Wirbel, in den der Dieselkraftstoff eingespritzt wird. Das Gemisch entzündet sich und gelangt als Flamme über den Kanal zurück in den Hauptbrennraum. Dort verbrennt es mit der übrigen Luft. Die dabei entstehende vollständige Verbrennung wird garantiert durch den gleichmäßigen Druckanstieg im Zylinder und die bei steigender Motordrehzahl zunehmende Verwirbelung in der

Wirbelkammer gemeinsam mit einer V-förmigen Mulde im Kolbenboden – ein BMW-Patent. Die Folge: Der Motor läuft im gesamten Drehzahlbereich ruhig und weich, die Abgase sind durch die hohe Luftausnutzung raucharm.

1992 sind die Autos naturgemäß teurer als noch zwei Jahre zuvor. Für den 316i werden nun 32.900 Mark verlangt, für den 318i 37.200 Mark, für den 320i 42.400 Mark, für den 325i 50.800 Mark und für den 325td 43.000 Mark.

1993 komplettiert BMW seine Dieselsparte im Dreier mit dem sechszylindrigen 325tds, der bei gleichem Hubraum wie beim 325td, aber mit Ladeluftkühler, 143 PS und 260 Nm leistet. Er kommt mit einem Normverbrauch von 6,7 Liter Diesel aus – das kann nicht einmal der neue A4 TDI aus Ingolstadt besser. BMW wirbt: „Der Sechszylinder-Turbodiesel läßt alle Vorurteile gegen den Diesel weit hinter sich. Denn bei Beschleunigung, Elastizität und Höchstgeschwindigkeit erreicht er das Niveau drehmomentstarker Benzinmotoren. Schon nach wenigen Kilometern ist klar: dies ist ein Diesel, der vor allem ein BMW ist."

Sind Turbolader heute sowohl in Diesel- als auch in Benzinmotoren üblich, sind sie 1997 noch der Rede wert. Das Arbeitsprinzip ist stets gleichgeblieben: Der Turbolader wird mit Abgasen gefüttert, die sonst in die Umwelt geblasen würden. Sie treiben eine Turbine an, die dem Motor Frischluft zuführt. Das sorgt dafür, dass die Brennräume besser gefüllt werden. Die Folge: mehr Leistung. Der Ladeluftkühler dagegen ist ein Wärmetauscher, in dem die vom Turbolader angesaugte und vorverdichtete Luft abgekühlt wird, bevor sie in die Brennräume wandert. Das verbessert die Verbrennung, die spezifische Leistung und das Drehmoment. So ein Ladeluftkühler machte den 325tds mal eben zu einem der leistungsstärksten Dieselmotoren seiner Hubraumklasse.

1995 geht eine neue Generation von Sechszylinder-Benzinern in der BMW 3er-Reihe an den Start. An die Stelle der bisherigen Grauguss-Konstruktion tritt ein leichtes Aluminiumgehäuse, der Motorblock der M52 genannten Motoren besteht aus dem gleichen Aluminium wie der Zylinderkopf. Sie sind rund 20 Kilo leichter als die Vorgänger

Basis des M41 ist die indirekte Einspritzung im von BMW entwickelten Wirbelkammerverfahren mit V-förmiger Mulde im Kolbenboden, die in Kombination mit 2-Ventil-Technik, Turboaufladung und Ladeluftkühlung für ein ausgewogenes Verhältnis von Leistungsfähigkeit und Verbrauch sorgt.

In seinem sechsten Produktionsjahr 1996 präsentiert BMW den E36 weiterhin dynamisch-jugendlich. Zur Modellpflege dieses Jahres gehören Veränderungen der Lichttechnik, der Niere und der Stoßfänger. Die seitlichen Kotflügel-Blinker werden serienmäßig.

und unter anderem daran erkennbar, dass sich der Öleinfüllstutzen in der Nähe des Kühlers befindet. Zudem wird der Hubraum des Spitzentriebwerks von 2,5 auf 2,8 Liter erweitert – damit ist der 325i Geschichte und der 328i tritt an seine Stelle. Der 2,8-Liter-Motor gerät sogar fast 32 Kilo leichter als der mit 2,5 Litern Hubraum. Mit einem Durchschnittsverbrauch von 8,5 Litern je 100 Kilometer liegt der BMW 328i um mehr als einen Liter unter dem Durchschnittswert seiner Wettbewerber. Die Leistung mit 193 PS gleicht fast dem Vorgänger mit 192 PS, das Drehmoment wächst von 245 Nm bei 4700 Umdrehungen auf 280 Nm bei 3950/min.

Zylinderabstand und Bohrung bleiben gleich wie beim Graugussmotor, er besitzt das gleiche Nockenwellen-Verstellsystem und die zylinderselektive Klopfregelung. Sonst aber ist alles neu: Die Kolbenlaufflächen sind Nikasil-beschichtet – der Nickel-Karbid-Silizium-Schutz garantiert sehr gute Laufeigenschaften bei geringem Verschleiß. Laufleistungen bis weit mehr als 200.000 Kilometer sind das Ziel. Wandstärken und Verrippungen sind so gewählt, dass mindestens die Festigkeit des Gusseisernen dabei herauskommt. Die Motorunterseite strahlt weniger Lärm ab, insgesamt sind 22,7 Kilo weniger Material verbaut – zum Beispiel 80 Gramm weniger in jedem Pleuel, beim Kunststoffkettenspanner spart man 60 Prozent Gewicht. Die Federteller wiegen ein paar Gramm weniger, die Tassenstößel dagegen ein paar mehr.

Die Stahlkurbelwelle ist getwistet, also in Form gedreht und somit sehr steif geraten, was gut ist für Laufruhe und Komfort. Die Einzelzündspulen sind schlanker, es wird weniger Kupfer benutzt. Die Motorelektronik besteht nur noch aus einer Leiterplatte. Die Sauganlage ist aus Kunststoff gefertigt und hält ein kleineres Sammlervolumen bereit. Zwei dreiflutige Rohrkrümmer aus Edelstahl ersetzen die bisherigen gusseisernen Abgaskrümmer, sie sind halb so schwer und nehmen weniger Hitze auf, wodurch der neue trimetallbeschichtete Katalysator seine Betriebstemperatur schneller erreicht. Die Stereo-Lambdaregelung sorgt für eine noch bessere Abgaszusammensetzung, und drei Abgasströme vertragen sich besser als sechs, was zu mehr Drehmoment im unteren und mittleren Drehzahlbereich führt. Es gibt eine Klappenmechanik im Abgasstrang, die unter anderem dafür sorgt, dass es unterm Heck bis zu zehn Dezibel weniger lärmt.

Mit der Modellpflege 1996/1997 zieht bei den Vierzylindermotoren auch die differenzierte Sauganlage (DISA) ein, die von der DME gesteuert wird. Sie sorgt für einen kurzen oder langen Saugweg. Im unteren und mittleren Drehzahlbereich ermöglicht der längere Ansaugtrakt durch Resonanzaufladung eine deutliche Anhebung des Drehmoments. Im oberen Drehzahlbereich sorgt die Umschaltung auf eine kurze und damit widerstandsarme Saugrohrlänge für hohe Leistungsausbeute.

DISA besteht aus vier Schwingrohren, einer Verbindungsklappe zwischen den Zylindergruppen 1 und 4 beziehungsweise 2 und 3 sowie aus den zugeordneten Vorrohren. Diese Anordnung mit 360 Grad Kurbelwellenwinkel Saugabstand verursacht eine periodische Anregung der Luftsäule, die eine optimale Gasdynamik zur Folge hat. Eine Besonderheit der DISA ist der Verzicht auf den Sammler zwischen Vor- und Schwingrohren. Die Wirksamkeit der Vorrohre wird dadurch wesentlich erhöht, da die Schwingungen nicht durch ein störendes Volumen gedämpft werden. Bei geschlossener Verbindungsklappe wirken Vor- und Schwingrohr zusammen wie ein langes Saugrohr. Die strömungsoptimierte Verzweigung zwischen beiden ermöglicht eine gute Nutzung der Saugrohrdynamik. Dadurch stellen sich bereits im mittleren Drehzahlbereich hohe Zylinderfüllungen und große Drehmomentwerte ein. Da lange Saugrohre im oberen Drehzahlbereich nur niedrige Leistungswerte gestatten, öffnet sich bei einer Drehzahl von etwa 4800 Umdrehungen die Verbindungsklappe zwischen den Gruppen. Dynamisch wirksam sind jetzt nur die kurzen Schwingrohre, die aus jeweils beiden Vorrohren ansaugen und damit hohe Leistungswerte im oberen Drehzahlbereich ermöglichen. Weitere Vorteile der DISA sind zum einen die gleichmäßige Gemischverteilung und zum anderen, durch die einfache Bauweise mit nur einer Klappe, ein ausgezeichnetes Kosten-Nutzen-Verhältnis mit hoher Zuverlässigkeit.

Motorraum ohne Motor: Der 45 kW starke Antrieb sitzt kompakt über der Hinterachse – der 15 Jahre später präsentierte i3 kann 125 kW nutzen.

Seit 50 Jahren unter Spannung – der E36 ist mit dabei
Damals, bei den Olympischen Spielen 1972 in München, geht BMW mit zwei elektrisch angetriebenen Versuchsfahrzeugen an den Start. Die umgebauten BMW 1602 dienen als Transportmittel für das Organisationskomitee und werden bei verschiedenen Langstreckenwettbewerben als Begleit- und Kamerawagen eingesetzt, seinerzeit noch mit 350 Kilogramm schweren Bleibatterien und einer Reichweite von rund 60 Kilometern. Aber man forscht weiter und so präsentiert BMW 1991 auf der IAA in Frankfurt mit dem E1 ein elektrisch angetriebenes Citymobil mit einer Reichweite von etwa 160 Kilometern.

Aber die Ingenieure wollen mehr: Auf Basis des E36 entstehen ab Anfang der 1990er Jahre rund 25 Versuchsträger, um die elektrische Antriebstechnik weiter in Richtung Serienreife zu entwickeln. Die erste Generation dieser Prototypen nimmt ab dem 2. Oktober 1992 mit acht Fahrzeugen am weltweit größten öffentlichen und vom Bundesministerium für Forschung und Technologie unterstützten Feldversuch auf der Insel Rügen teil. Sechs weitere Versuchsfahrzeuge werden in den Fuhrpark der bayerischen Staatsregierung integriert. Im Rahmen der Entwicklung werden bis zu 45 kW starke Elektromotoren eingesetzt, die inklusive Getriebe nur noch 65 Kilogramm wiegen. Fortschritte sind auch bei der Speichertechnik zu verzeichnen: Per Schnellladung erreichen die Batterien nach nur 40 Minuten 75 Prozent ihrer Kapazität. Im Fahrbetrieb kann das System bis zu 20 Prozent der elektrischen Energie durch Rekuperation zurückgewinnen.

Die Erprobung verschiedener Motoren, Getriebe und Energiespeicher liefert zwischen 1992 und 1996 große und detaillierte Datenmengen. Mit diesen Erkenntnissen entstehen zwischen 1995 und 1997 zehn weitere Versuchsträger der zweiten Generation, die erhebliche Verbesserungen in Sachen Fahrleistungen und Reichweite aufweisen. Die auffällig gelb lackierten „BMW electric" werden überwiegend von den BMW-Fachbereichen eingesetzt.

Elektroautos müssen nicht hässlich sein: Seit 1972 forscht BMW in Sachen E-Mobilität. Damals sind Batterien und Kunden aber noch nicht bereit für den Technologiewandel …

Technische Daten	
BMW 325 / BMW electric (1992–1997)	
Motor	Permanent erregter Wechselstrom-Drehfeldmotor
Dauerleistung	32 kW / 45 kW
Energiespeicher	Natrium-Nickelchlorid-Hochenergiebatterie
Kapazität	21,7 kWh / 29 kWh
Gewicht	260 kg / 350 kg
Höchstgeschwindigkeit	128 km/h / 135 km/h
Beschleunigung 0-50 km/h	8 sec / 6 sec
Reichweite Stadtverkehr	120 km / 150 km

Die manuelle Fünfgangschaltung ist beim E36 serienmäßig. Der Schalthebel liegt gut in der Hand und lässt sich leichtgängig und präzise bedienen.

Das Getriebe

Serienmäßig werden alle E36 mit einer Fünfgang-Handschaltung ausgeliefert. Sie lässt sich leicht, schnell und exakt bedienen. Dank aktiver Gesamtauslegung sind die Drehzahlsprünge gering, die Schaltwege kurz. Beim Hochschalten, nach dem Ausdrehen der Gänge, dreht der Motor immer im Bereich des besten Drehmoments, auch im fünften Gang. Der ist direkt ausgelegt, das bedeutet: Die Kraft, die aus dem Motor kommt, wird ohne Untersetzung zur Hinterachse geleitet. Dadurch werden Reibungsverluste an den Getriebezahnrädern und hohe Öltemperaturen vermieden, außerdem soll es den Kraftstoffverbrauch reduzieren.

Das Schaltgetriebe arbeitet im 325i mit einem Zweimassen-Schwungrad. Es soll verhindern, dass eventuelle, durch Zündimpulse verursachte Ungleichförmigkeiten im Drehkraftverlauf vom Motor über die Kupplung auf das Getriebe übertragen werden. Damit sollen Störgeräusche im Innenraum vermieden werden, die besonders bei sehr niedrigen Leerlaufdrehzahlen auftreten könnten.

Für die Vierzylinder gibt es optional eine Viergang-Automatik zum Preis von anfangs 2900 Mark im 318i, bei den Sechszylindern hat sie fünf Gänge und kostet 3500 Mark. BMW feiert das als Neuheit in dieser Klasse. Wie die Viergang-Automatik für die Vierzylinder-Modelle bietet auch das neue Fünfgang-Automatikgetriebe die Wahlmöglichkeit zwischen drei Fahrprogrammen. Die BMW-Automatik wählt – je nach Tempo, Motordrehzahl, Beladung und Steigung oder Gefälle der Fahrbahn – den jeweils besten Gang. Dabei soll der Verbrauch nahezu identisch sein mit dem des Schaltgetriebes. Der Fahrer hat die Wahl, ob er sportlich (S) oder ökonomisch (E) unterwegs sein will. Das wählt er per Schiebeschalter neben dem Wählhebel: E(conomy) schaltet früh hoch, um den Kraftstoffverbrauch zu senken. S(port) ist ein Programm, das die Gänge höher ausdreht, um die Leistungsreserven des Motors zu aktivieren. Den jeweils besten Schaltzeitpunkt errechnet die Elektronik. Die elektronisch-hydraulische (EH-)Steuerung in der Fünfgang-Automatik bietet einen dritten Fahrmodus, und zwar das Winterprogramm für ein gefühlvolles Anfahren und ein möglichst übergangsloses Schalten auf rutschiger Straße. Bei der Viergang-Automatik übernimmt diese Aufgabe das Programm M, das die Gänge fixiert und somit ein ruckfreies, traktionssicheres Fahren bei Schnee, Matsch und Glätte möglich machen soll. Motor und Getriebe sind übrigens beim 320i und 325i um 2,5 Zentimeter nach hinten gerückt, was den Innenraum etwas einschränkt, aber die Balance zwischen den Achsen erhöht und damit Traktion und Fahrsicherheit verbessert.

Das Fahrwerk

Weil etwas Blumiges die durchaus trockene Technik auflockern kann, lassen wir zunächst die BMW-Dichter ein bisschen über das Fahrwerk des E36 schwadronieren: „So wenig, wie der Windkanal den Charakter eines BMW formt, so wenig entsteht das charakteristische Fahrverhalten eines BMW ausschließlich am Computer, selbst wenn dieser mit den modernsten Simulations-Programmen der Welt rechnet. Natürlich ist der Computer bei Prinzip-Untersuchungen zu neuen Fahrwerksystemen eine große Hilfe, aber für überdurchschnittliche Fahreigenschaften gibt es nach unserer Erfahrung nur eine erfolgreiche Methode: Ideen haben, Ideen umsetzen und in realen Fahrversuchen perfektionieren. Verbessern und verfeinern, bis alle – vom Ingenieur bis zum Testfahrer – einer Meinung sind: das ist es. Das ist Perfektion heute. Die wahre Kunstfertigkeit unserer Ingenieure besteht darin, unterschiedliche, zum Teil völlig gegensätzliche Ansprüche an ein Fahrwerk – es muß sicher sein, es muß komfortabel sein, es muß ein präzises Handling haben – miteinander zu vereinen. Das Ergebnis: ein herausragendes und harmonisches Fahrerlebnis. Das ist auch der Grund, warum das Fahrwerk des BMW 3er so aufwendig konstruiert ist. Mit einer Eingelenk-Federbein-Vorderachse und einer patentierten Zentrallenker-Hinterachse. Mit einer breiten Spur und einem langen Radstand für eine große, sichere Aufstandsfläche. Mit Zweirohr-Gasdruckdämpfern und asymmetrischen Schraubenfedern vorn. Mit großdimensionierten Scheibenbremsen vorn (ab 320i vorn und hinten, dabei vorn innenbelüftet) und mit

Die Phantomzeichnung legt die inneren Werte des 3er, hier ein 325i, frei.

dem serienmäßigen Anti-Blockier-System. Das angenehm komfortable, vor allem aber sichere Gefühl beim Fahren eines BMW 3er, sein stabiler Geradeauslauf, seine Kurvenpräzision und die geringe Seitenneigung der Karosserie bei Kurvenfahrten, das minimale Einnicken der Karosserie beim Bremsen, die exakte Lenkkraftrückmeldung, das alles ist vorbildlich in der exklusiven Kompaktklasse."

Eine der wichtigsten technischen Novitäten des E36 ist tatsächlich die Zentrallenker-Hinterachse, deren Konstruktionsprinzip 1988 im Roadster Z1 Einzug gehalten hat und das dort die mittlerweile sprichwörtlichen Sportwagen-Fahreigenschaften ermöglicht. Sie besteht aus einem mit dem Radträger zusammengegossenen Sphäroguss-Längslenker, einem oberen Querlenker als Blechschalen-Konstruktion und einem unteren Querlenker, der als Druck- und Zugstrebe fungiert. Vorne arbeitet eine Eingelenk-Federbein-Vorderachse mit Vorlaufversatz und Bremsnickausgleich. Elastische Radführungsgelenke dämpfen auf die Lenkung einwirkende Fahrbahneinflüsse. Grundsätzlich ist vorne ein Querstabilisator verbaut, der beim 316i einen Durchmesser von 19,2 Millimeter aufweist, bei allen anderen 22,5 Millimeter. Bei den Sechszylindern sind Tonnenfedern und Zweirohr-Gasdruckdämpfer getrennt gelagert als Maßnahme zur Verbesserung von Rollkomfort und Sicherheitsreserven der Anlage. Ab dem 320i gibt es getrennte Feder-Dämpferlagerungen vorn.

Gemeinsam mit der Anfahr-Tauch-Reduzierung und dem Lenkgetriebe mit variabler Übersetzung (macht das Rangieren ohne Servohilfe im 316i einfacher – ab dem 318i spendiert BMW eine Servolenkung serienmäßig), Servolenkung und der Sicherheitslenksäule sowie den großen 15 Zoll-Rädern und mit der Sportwagen-idealen Gewichtsverteilung von 50 Prozent vorne und 50 Prozent hinten bietet das Fahrwerk insgesamt tatsächlich ein sehr gutes Fahrverhalten unter Sicherheits- wie Komfortaspekten. Ab dem 318i gibt es einen Stabilisator hinten. Die Fachzeitschrift *mot* urteilt 1990: „Es bleiben aber die typischen BMW-Kurveneigenschaften: leicht untersteuernd, im Grenzbereich neutral bis übersteuernd, beim Gaswegnehmen in Kurven nur leichte Lastwechselreaktionen."

Gut zu wissen: Rundum gibt es asbestfreie Kupplungs- und Bremsbeläge. Nur der 325i kommt ab Werk mit Leichtmetallfelgen, alle anderen müssen mit Stahl Vorlieb nehmen. Für den 320i kann man sie immerhin optional bekommen – für 1400 Mark. Sportliche Fahrer können ihr Auto aber auch noch aufrüsten mit einem M-Technic-Sportfahrwerk für 360 Mark, das die Karosserie 15 Millimeter tiefer legt.

Die Elektrik

Dafür, dass man den E36 nicht übersehen kann, haben die BMW-Ingenieure in aller Deutlichkeit mit Halogen-Doppelscheinwerfern, Ellipsoid-Abblendscheinwerfern, Nachtdesign mit eingeschaltetem Standlicht und doppelten Rückleuchten gesorgt. Bei der Super-Ellipsoid-Technik wird der Raum zwischen Linse und Abschluss des Ellipsoid-Reflektors ausgenutzt, indem über einen zusätzlichen Paraboloid-Reflektor Licht, das bisher ungenutzt war, auf die Fahrbahn gebracht

Die charakteristischen BMW-Doppelstrahler sind auch beim E36 eines der maßgeblichen Design-Elemente, auch nachts: Das Standlicht ist im Fernlichtscheinwerfer integriert und bleibt während der Abblendlicht-Fahrt eingeschaltet.

wird. Mit Hilfe der Streuscheibe wird eine wesentlich bessere Seitenausleuchtung erreicht, gleichzeitig ein Lichtanteil zur besseren Vorfeldausleuchtung genutzt. Die Eigenblendung ist gering durch minimales Streulicht. Das komplette Scheinwerfergehäuse besitzt ein Labyrinthsystem zur Entlüftung. Das Standlicht ist im Fernlichtscheinwerfer integriert und beim Fahren mit Abblendlicht immer eingeschaltet. Damit hat es ein eigenes Nachtdesign mit vier leuchtenden Scheinwerfern.

Es gibt eine elektrisch einstellbare Leuchtweitenregulierung, Nebelschlussleuchten und zwei Rückfahrleuchten. Die Analog-Instrumente glänzen mit Durchlichtbeleuchtung. Zur Fahrerinfo zählen Zeituhr, Tankuhr, Kühlmittel-Thermometer, ein LC-Display für den Wegstreckenzähler und eine Service-Intervallanzeige. Es gibt eine „Licht an?"-Warnung und elektrisch einstellbare Außenspiegel. Hinzu kommen Heckscheibenheizung, Heckscheibenantenne ohne Antennenverstärker, temperierbare Belüftung, ein mehrstufiges Radialgebläse und – ganz wichtig zum Beispiel für die linke Fahrspur auf der Autobahn – eine Doppelfanfare.

Ab 318i sind die E36 mit einem Drehzahlmesser samt Energie-Control ausgerüstet, eine Analog-Zeituhr ziert die Mittelkonsole. Die Innenlichtautomatik überzeugt mit weichem Ein- und Ausschalten. Das Topmodell 325i kommt mit Nebelscheinwerfern in Freiformtechnik, Multi-Informations-Display mit Check-Control in alphanumerischer Anzeige, separater Digitaluhr mit Datumsanzeige in der Mittelkonsole und zentraler Hinweisleuchte im Instrumentenkombi. Der elektrische Fensterheber vorn auf der Fahrerseite besitzt Komfortschaltung und Einklemmschutz.

Das Interieur

Wenn ein Auto schon deutlich wächst im Vergleich zum Vorgänger, muss das natürlich auch im Innenraum zu spüren sein. Die knapp elf Zentimeter in der Länge, fünf Zentimeter in der Breite und einen Zentimeter in der Höhe kommen – jedenfalls zum Teil – dem Insassen-Komfort zugute. Allein die Beinfreiheit im Fond wächst um mehr als drei Zentimeter.

Dem Fahrer steht naturgemäß der beste Platz zu. Das Cockpit ist in einem leichten Bogen um ihn herum geformt, was die Distanz zwischen ihm und den Bedienelementen verkürzen soll, zum Beispiel zu den Schaltern für Warmluft, Frischluft und Luftverteilung. Alle wichtigen Informationen befinden sich zentral im primären Sichtbereich des Fahrers. Alle Schalter und Bedienelemente hat BMW unmittelbar und unverwechselbar im Griffbereich postiert, und zwar nach Wichtigkeit und der Häufigkeit, mit der man sie nutzt.

Auf Wunsch kann man die Mittelkonsole mit einem exklusiv für BMW entwickelten Radio bestücken. So ein Radio „Bavaria" kostet zwischen 620 und 1240 Mark Aufpreis – HiFi-Sound mit zehn Lautsprechern und einer Boosterendstufe ist für 710 Mark zu haben. Allerdings nur, wenn man einen Sechszylinder fährt. Ab dem 320i ist auch ein Bordcomputer im Angebot, der zum Beispiel über den Durchschnittsverbrauch, die Durchschnittgeschwindigkeit oder die Ankunftszeit informiert. Das Multi Informations Display (MID) mit dem Bildschirm für den Bordcomputer gibt's serienmäßig nur im 325i.

Gut ablesbar sind die Rundinstrumente für Tachometer und Drehzahlmesser, für Tankuhr und Kühlmitteltemperaturanzeige sowie das Display der Service-Intervallanzeige. Bei 320i

Aus der Draufsicht wird der Bogen des Cockpits um den Fahrersitz deutlich erkennbar. Der Platz im Innenraum kann sich mit dem heutiger Mittelklasse-Fahrzeuge durchaus messen.

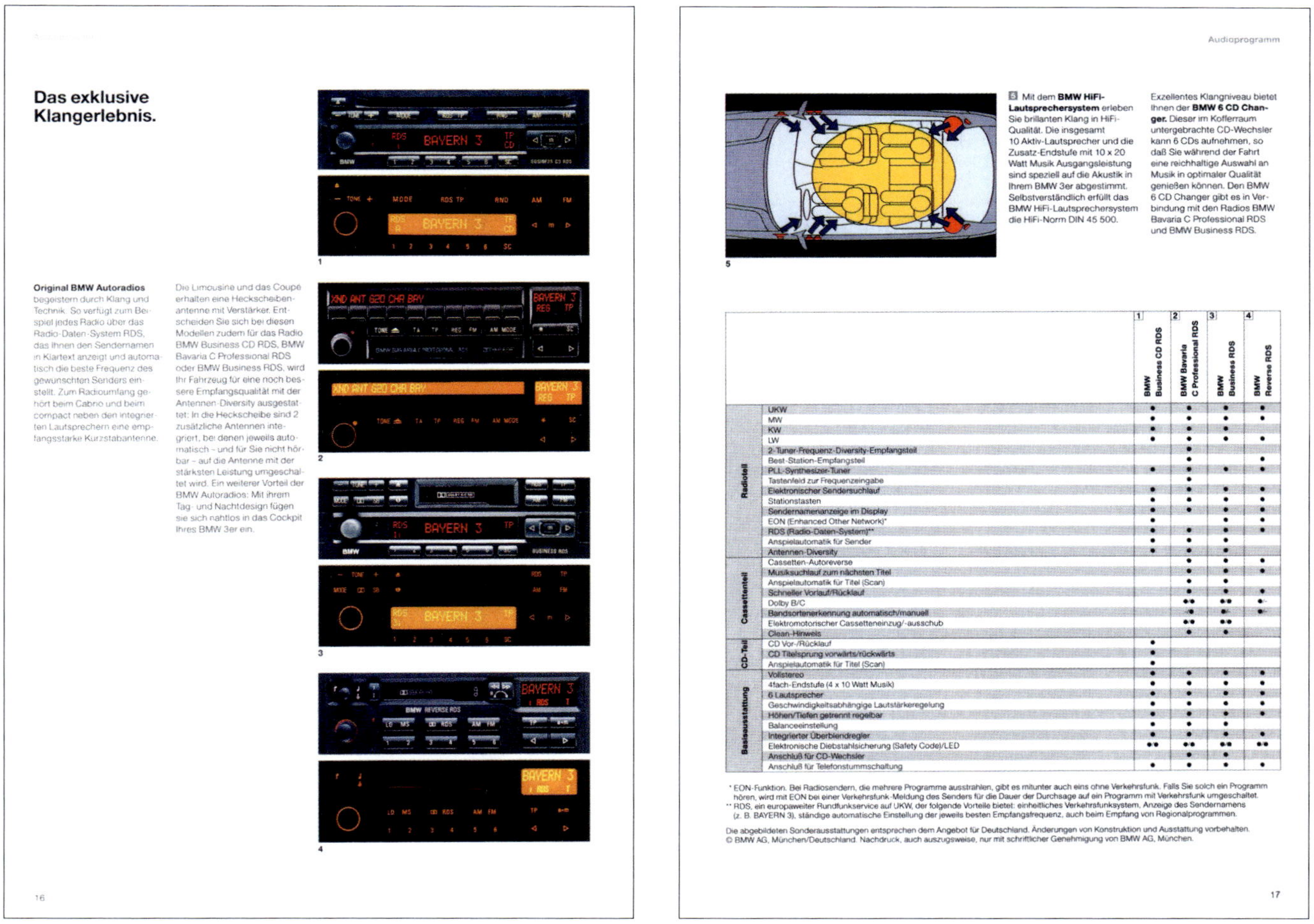

Das exklusive Klangerlebnis.

Original BMW Autoradios begeistern durch Klang und Technik. So verfügt zum Beispiel jedes Radio über das Radio-Daten-System RDS, das Ihnen den Sendernamen in Klartext anzeigt und automatisch die beste Frequenz des gewünschten Senders einstellt. Zum Radioumfang gehört beim Cabrio und beim compact neben den integrierten Lautsprechern eine empfangsstarke Kurzstabantenne.

Die Limousine und das Coupé erhalten eine Heckscheibenantenne mit Verstärker. Entscheiden Sie sich bei diesen Modellen zudem für das Radio BMW Business CD RDS, BMW Bavaria C Professional RDS oder BMW Business RDS, wird Ihr Fahrzeug für eine noch bessere Empfangsqualität mit der Antennen-Diversity ausgestattet: In die Heckscheibe sind 2 zusätzliche Antennen integriert, bei denen jeweils automatisch – und für Sie nicht hörbar – auf die Antenne mit der stärksten Leistung umgeschaltet wird. Ein weiterer Vorteil der BMW Autoradios: Mit ihrem Tag- und Nachtdesign fügen sie sich nahtlos in das Cockpit Ihres BMW 3er ein.

1

2

3

4

16

Audioprogramm

5

5 Mit dem **BMW HiFi-Lautsprechersystem** erleben Sie brillanten Klang in HiFi-Qualität. Die insgesamt 10 Aktiv-Lautsprecher und die Zusatz-Endstufe mit 10 x 20 Watt Musik Ausgangsleistung sind speziell auf die Akustik in Ihrem BMW 3er abgestimmt. Selbstverständlich erfüllt das BMW HiFi-Lautsprechersystem die HiFi-Norm DIN 45 500.

Exzellentes Klangniveau bietet Ihnen der **BMW 6 CD Changer.** Dieser im Kofferraum untergebrachte CD-Wechsler kann 6 CDs aufnehmen, so daß Sie während der Fahrt eine reichhaltige Auswahl an Musik in optimaler Qualität genießen können. Den BMW 6 CD Changer gibt es in Verbindung mit den Radios BMW Bavaria C Professional RDS und BMW Business RDS.

		1 BMW Business CD RDS	2 BMW Bavaria C Professional RDS	3 BMW Business RDS	4 BMW Reverse RDS
Radioteil	UKW	•	•	•	•
	MW	•	•	•	•
	KW	•	•	•	
	LW	•	•	•	•
	2-Tuner-Frequenz-Diversity-Empfangsteil		•		
	Best-Station-Empfangsteil		•		•
	PLL-Synthesizer-Tuner	•	•	•	•
	Tastenfeld zur Frequenzeingabe		•		
	Elektronischer Sendersuchlauf	•	•	•	•
	Stationstasten	•	•	•	•
	Sendernamenanzeige im Display	•	•	•	•
	EON (Enhanced Other Network)*	•		•	•
	RDS (Radio-Daten-System)**	•	•	•	•
	Anspielautomatik für Sender	•	•	•	
	Antennen-Diversity	•	•	•	
Cassettenteil	Cassetten-Autoreverse		•	•	•
	Musiksuchlauf zum nächsten Titel		•	•	•
	Anspielautomatik für Titel (Scan)		•	•	
	Schneller Vorlauf/Rücklauf		•	•	•
	Dolby B/C		•/•	•/•	•/-
	Bandsortenerkennung automatisch/manuell		-/•	•/-	•/-
	Elektromotorischer Cassetteneinzug/-ausschub		•/•	•/•	
	Clean-Hinweis		•	•	
CD-Teil	CD Vor-/Rücklauf	•			
	CD Titelsprung vorwärts/rückwärts	•			
	Anspielautomatik für Titel (Scan)	•			
Basisausstattung	Vollstereo	•	•	•	•
	4fach-Endstufe (4 x 10 Watt Musik)	•	•	•	•
	6 Lautsprecher	•	•	•	•
	Geschwindigkeitsabhängige Lautstärkeregelung	•	•	•	•
	Höhen/Tiefen getrennt regelbar	•	•	•	•
	Balanceeinstellung	•	•	•	
	Integrierter Überblendregler	•	•	•	•
	Elektronische Diebstahlsicherung (Safety Code)/LED	•/•	•/•	•/•	•/•
	Anschluß für CD-Wechsler		•	•	
	Anschluß für Telefonstummschaltung	•	•	•	•

* EON-Funktion. Bei Radiosendern, die mehrere Programme ausstrahlen, gibt es mitunter auch eins ohne Verkehrsfunk. Falls Sie solch ein Programm hören, wird mit EON bei einer Verkehrsfunk-Meldung des Senders für die Dauer der Durchsage auf ein Programm mit Verkehrsfunk umgeschaltet.
** RDS, ein europaweiter Rundfunkservice auf UKW, der folgende Vorteile bietet: einheitliches Verkehrsfunksystem, Anzeige des Sendernamens (z. B. BAYERN 3), ständige automatische Einstellung der jeweils besten Empfangsfrequenz, auch beim Empfang von Regionalprogrammen.

Die abgebildeten Sonderausstattungen entsprechen dem Angebot für Deutschland. Änderungen von Konstruktion und Ausstattung vorbehalten.
© BMW AG, München/Deutschland. Nachdruck, auch auszugsweise, nur mit schriftlicher Genehmigung von BMW AG, München.

17

Das Werksradio gibt es in vier verschiedenen Versionen. Für Radios mit Cassettenteil gibt es einen optionalen CD-Wechsler in der Ausstattungsliste.

Reduziert aufs Wesentliche: Die Bedienelemente im 3er befinden sich in unmittelbarer Reichweite des Fahrer, ohne abzulenken …

… auch bei Fahrzeugen mit mehr optionalen Ausstattungen, wie elektrischen Fensterhebern, Klima und Informationsdisplay.

und 325i endet der Tacho bei vorzeigbaren 260 km/h, der 318i kann nur mit 220 km/h aufwarten. Alle Modelle kommen mit der Verbrauchsanzeige namens „Energy Control“. Sie informiert den Fahrer bei Geschwindigkeiten über 20 km/h ständig über den augenblicklichen Kraftstoffverbrauch. Sie soll dadurch zu einer ökonomischen Fahrweise animieren. Die Analoganzeige ist im Drehzahlmesser integriert.

BMW ist besonders stolz auf die „klassisch-schönen, hochwertigen Flockgewebe“ im Interieur: „Bei der Auswahl dieser Stoffe verlassen wir uns aber nicht nur auf Optik und Fingerspitzengefühl. Die Qualität aller Stoffe wird akribisch geprüft und getestet und erst danach für den BMW 3er freigegeben.“ Die Stoffsitzbezüge weisen für den Hauptteil Flockvelours „Punktstruktur“ auf, Flock Mohair uni gibt’s für Wulstteile und Sitzblenden. Die Lehnen bestehen hinten aus Kunststoff, die Türverkleidungseinsätze aus Stoff uni. Der Innenraumboden ist mit Veloursteppich ausgelegt. Nur der Vollständigkeit halber: Eine Lederausstattung gibt es nur für die Sechszylindermodelle und muss mit 2550 Mark extra bezahlt werden.

Die Sitze in Schalenbauweise überzeugen die Insassen mit hohen Rückenlehnen und guter Abstützung der Oberschenkel. Relativ einfach können die Sitzlänge, die Lehnenneigung und die Sitzhöhe auf der Fahrerseite verstellt werden. Eine besondere Stützwirkung an den Sitzrändern soll entspanntes Fahren zum Beispiel auch in langgezogenen Autobahnkurven und in engen Serpentinen am Berg möglich machen. Die Kopfstützen vorn verfügen über Höhen- und Neigungsverstellung. Die Vollschaumpolster der Sitze sind mit Belüftungsgittern versehen.

Vorne steht ein abschließbares und beleuchtetes Handschuhfach zur Verfügung. Weitere Ablagemöglichkeiten gibt es in der Mittelkonsole vorn, in der Tunnelkonsole und in den Ablagekästen an den vorderen Türen. Auch das optionale Nichtraucherpaket stellt noch zusätzlichen Raum zur Verfügung. Wer qualmt, bekommt einen beleuchteten Drucktastenascher und Zigarrenanzünder vorn. Hinten befindet sich ein Drucktastenascher in der Tunnelkonsole.

Es gibt Armlehnen an den Türen mit integrierten Zuziehgriffen und Schminkspiegel in den Sonnenblenden, auf der Fahrerseite mit Abdeckschieber. Der Innenspiegel ist abblendbar.

Qual der Wahl: 1996 hat der 3er-Interessent eine Auswahl aus 17 Außen- und 28 Innenraumfarben.

Schade um die Front dieses 3er, doch es muss sein: Der Crashtest gehört – glücklicherweise – bei der Entwicklung neuer Fahrzeugmodelle dazu.

Eine Werkzeugbox ist an der Kofferraumklappe angebracht, das Ersatzrad steckt unter dem Kofferraumboden. Der Kofferraum besitzt eine Beleuchtung und eine Ladeschutzkante sowie 435 Liter Volumen laut VDA-Messung. Außerdem sind Verzurrösen eingebaut, Warndreieck und Verbandskasten sind in einer Kofferraumablagebox rechts integriert. Ab dem 320i ist die Heckklappe innen vollverkleidet in Textil.

1997 hat der Kunde die Wahl bei der Stoffpolsterung zwischen den Farben Pergament, Silbergrau, Ultramarin und Anthrazit. Beim Leder sind Pergament, Silbergrau hell, Silbergrau, Ultramarin und Schwarz im Angebot. Der Innenraum kann Ton in Ton mit der Außenfarbe bestellt werden oder im Kontrast dazu. Die Seriensitze gibt es inzwischen in zwei verschiedenen Stoffen (Flock und Wollvelours) sowie in Leder „Montana". Der optionale Sportsitz dagegen kommt mit atmungsaktivem Flachsgewebe, in Leder oder in einer Leder-Stoff-Kombination.

Eine Außentemperaturanzeige besitzen nur 323i und 328i, ebenso eine Digitaluhr. Auf Einstiegsleisten verzichten müssen die Eigner von 316i, 318i und 318tds, zudem auch noch auf das sonst serienmäßige Innenlichtpaket mit Fußraumleuchten vorne, Leseleuchten im Fond und auf den beleuchteten Make-Up-Spiegel mit Abdeckschieber für Fahrer und Beifahrer. Nur der 328i überzeugt mit serienmäßigem Lederlenkrad.

So gut das alles klingt: Die Fachpresse ist – zumindest anfangs – nicht hundertprozentig überzeugt. Sie findet heraus, dass es Beschwerden gibt über klapprige Armaturenbretter, denen man den Entwicklungsdruck anmerkt, sowie über schlecht befestigte Türleisten. Auch Türdichtungen werden bemängelt, weil sie für teils starke Windgeräusche verantwortlich gemacht werden. BMW arbeitet allerdings nach, so dass die Klagen nach 1991 ständig weniger werden.

Die Sicherheit

„Der neue ‚kleine' BMW ist selbstverständlich so sicher wie seine großen Brüder" – was soll BMW auch anderes sagen? Sicher ist jedenfalls: Mit dem E36 gehen die Bayern den Schritt in die richtige Richtung. „Im BMW-Sicherheitskonzept ‚F.I.R.S.T.' (Fully Integrated Road Safety Technology) sind alle für den aktiven und passiven Schutz beim Fahren relevanten Systeme aufeinander abgestimmt. Charakteristisch für die passive Sicherheit sind Sorgfalt, Präzision, Konsequenz, Ideen und Qualität, mit denen wir den bestmöglichen Schutz technisch verwirklichen," tönen die Bayern.

Die Verformungszonen sind computerberechnet, was andere Verkehrsteilnehmer besser schützen soll. Großvolumige Trägersysteme und besonders steif ausgelegte Knotenpunkte geben der gesamten Konstruktion den nötigen Halt. Wer von einem

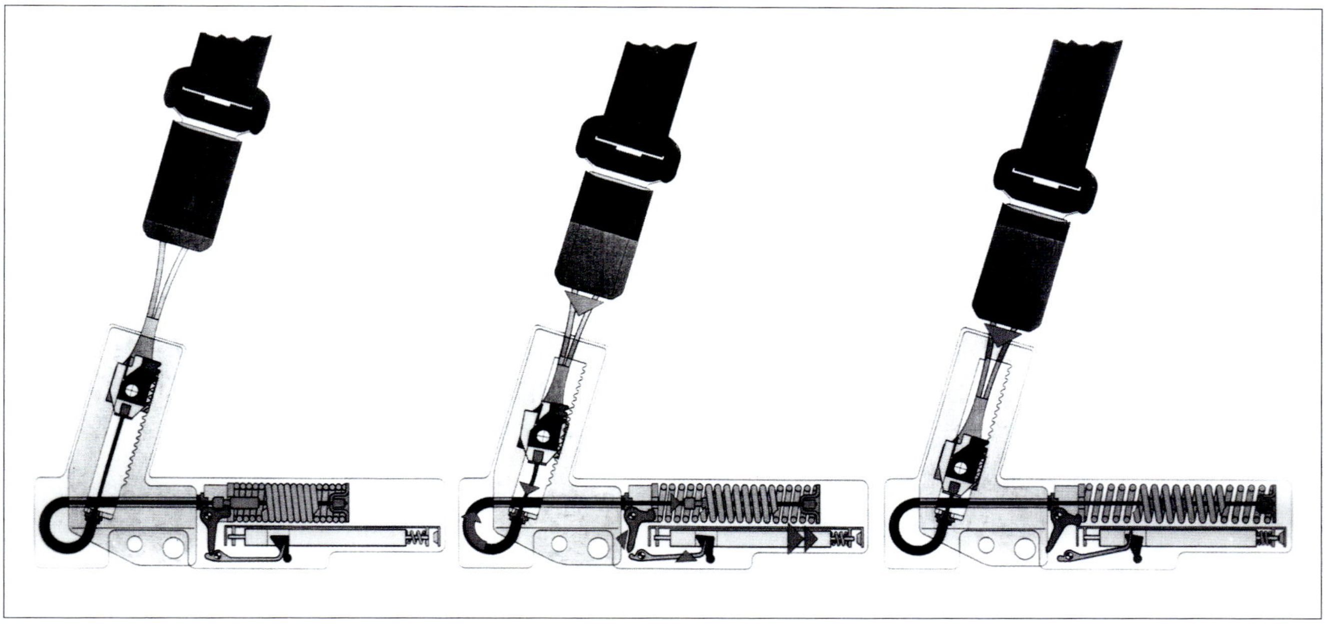

Gurtstraffer sorgen auf den E36-Vordersitzen für zusätzliche Sicherheit. Beim Aufprall wird der Gurt angezogen und der Bewegungsspielraum der Insassen dadurch signifikant verringert.

E36 als Fußgänger angefahren wird, kann sich eigentlich glücklich schätzen – allerdings nicht, weil es vielleicht eine Ehre ist oder besonders selten. Nein, es geht um den Fußgängerschutz: Zu „F.I.R.S.T." gehören nämlich auch versenkte Scheibenwischer und abgerundete Karosserieecken. Erstmals bei der Dreier-Reihe steht die Motorhaube nicht über, sondern besitzt eine ansteigende Front. Damit soll sich das Unfallopfer besser über die Motorhaube abrollen können und nicht mehr so stark verletzt werden. Mehr Spaß macht es allerdings, einen E36 zu pilotieren.

Im Fall eines Frontalaufpralls mit einem stärkeren Hindernis als einem Menschen wird die Energie systematisch abgefangen. Es gibt einen langen Deformationsweg, der ein niedriges Verzögerungsniveau garantieren soll. Kleine Kollisionen bei geringen Geschwindigkeiten von bis zu vier km/h werden durch reversible Pralldämpfer absorbiert. Bei Kollisionen mit bis zu 15 km/h bleibt der Schaden auf die Verformungselemente der BMW-spezifischen Vorderbaustruktur begrenzt, die leicht und laut BMW auch „kostengünstig" – was immer das heißt – ersetzt werden können. Sogar bei Kollisionen mit bis zu 56 km/h soll die Fahrgastzelle noch weitgehend verformungsfrei bleiben. Auch bei einem dreifachen Überschlag des Fahrzeugs bleibt sie als Überlebensraum so stabil, dass sich die Türen noch öffnen lassen. Der Tank besteht aus Kunststoff und ist außerhalb der Crashzone vor der Hinterachse platziert. Die Lenkspindel besitzt eine Schiebeverzahnung, so dass dem Fahrer kein Schaden von der Lenksäule droht.

Gurtschlossstrammer an den Vordersitzen sollen das Verletzungsrisiko zusätzlich minimieren. Das Gurtschloss strafft in Sekundenbruchteilen den Gurt so sehr, dass dem Oberkörper kaum noch Spielraum nach vorn bleibt: Es wird beim Aufprall 60 Millimeter nach hinten und unten gezogen, was eine Gurtstrammung von effektiv 120 Millimeter bedeutet durch die Auslösung einer vorgespannten Feder über einen vom Bordsystem unabhängigen Sensor. Gleichzeitig wirkt die Submarining-Stütze im Sitzunterteil dem gefährlichen Wegrutschen des Körpers unter dem Gurt hindurch entgegen. Der rein mechanisch arbeitende Gurtstrammer wird unterstützt von einem Gurtbandstopper, der den Filmspuleneffekt beim Aufrollen verhindert. Manuell verstellbare Gurtpunkte an der B-Säule optimieren die Gurtbandlage. Die Fachzeitschrift *mot* bemängelt allerdings 1990: „Die oberen Gurtpunkte lassen sich verschieben, die Knöpfe zur Verstellung ragen aber kantig in den Innenraum."

Im Fond verfügt der E36 analog zu den schon bestehenden 5er- und 7er-Reihen über das „umgekehrte" ergonomische Gurtsystem im Fond: Die jeweiligen Gurtschlösser befinden sich an der Außenseite der Sitzbank und nicht in der Mitte. Erstens soll das praktischer beim Anlegen des Sicherheitsgurts sein, zweitens lässt sich der Gurt schneller lösen – auch von außen. Das ist tatsächlich wichtig, wenn zum Beispiel nach einer Kollision Hilfe nötig ist.

Was das alles wert ist, möchte das Fachmagazin *auto motor und sport* 1991 wissen und führt einen Crashtest mit einem 325i durch: Fahrzeuggewicht 1555 Kilo, Crashtempo 55 km/h, 50 Prozent Überdeckung mit einem 100 Tonnen schweren Betonhindernis. Das Auto hat keinen Airbag, weil der noch nicht serienmäßig ist. Im Auto sind zwei Hybrid II-Dummys platziert, der Aufprall dauert 200 Millisekunden. Die Wertung: Niedriges Verletzungsrisiko für Kopf, Brust und innere Organe, bei Becken und Beinen ist es mittelhoch. Die Karosserie ist deutlich deformiert, hat sogar einen Knick im Dach und eine sichtbar steiler stehende A-Säule. Die Fahrertür ist nur schwer zu öffnen, letztlich aber ohne Werkzeug. Die Klapptürgriffe werden dabei als wenig hilfreich beschrieben. Erhebliche Verformungen gibt es im Fahrerfußraum, die Füße sind aber nicht eingeklemmt. Armaturenbrett, Pedalerie und Lenkrad wandern nur wenig nach innen. Der Gurtstrammer funktioniert ausge-

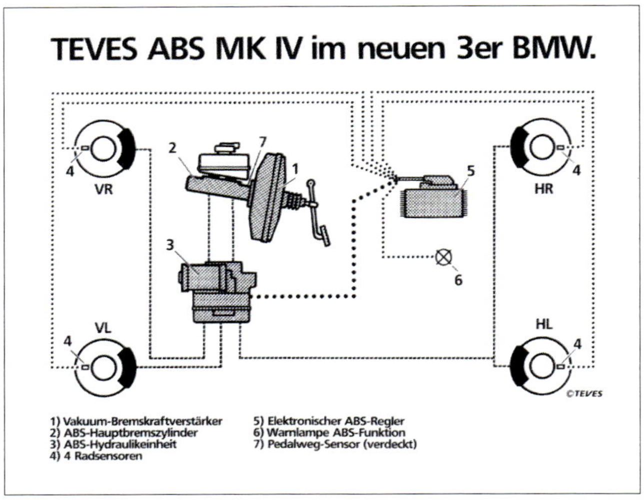

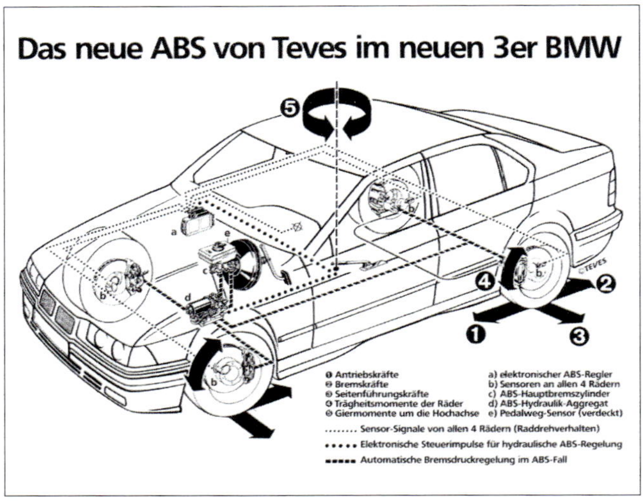

Das ABS von Teves ist nur im 325i ab Werk verbaut. Für alle anderen Modelle wird bei Wunsch ein Aufpreis von 1700 DM fällig.

zeichnet. Insgesamt ist das ein sehr gutes Ergebnis, der Insassenschutz voll gewährleistet. Anmerkung der Redakteure: „Wäre alles noch besser mit Airbag…"

Der ist tatsächlich ein weiterer wichtiger Baustein der passiven Sicherheit – zunächst aber nur als Option zu haben. Wer darauf verzichtet, muss mit einem Lenkrad mit energieabsorbierender Schaumeinlage zufrieden sein. Erst ab 1993 ist ein Airbag für den Fahrer serienmäßig. BMW begründet diese Maßnahme: „Für die vielleicht wichtigsten 30 Millisekunden Ihres Lebens ist jeder BMW serienmäßig mit einem Airbag-Lenkrad ausgerüstet. Die Unfallforscher sind sich einig: zusammen mit dem angelegten Sicherheitsgurt mit Gurtschloßstrammer bietet ein Airbag die bestmögliche Sicherheit im Fall einer Frontalkollision. Einen wirkungsvolleren Schutz für das Gesicht, den Kopf und den Oberkörper gibt es derzeit nicht. In dem Moment, wo die BMW-Airbag-Sensoren einen Aufprall mit einer bestimmten Mindeststärke registrieren, schließt sich ein Stromkreis, und der Airbag bläst sich in voller Größe auf: Im Bruchteil einer Sekunde werden Kopf und Oberkörper aufgefangen. Die ständige Einsatzbereitschaft des Airbags wird zuverlässig von einer eigenen Diagnose-Einheit überwacht und durch eine Kontrollleuchte angezeigt: ein ausgereiftes, bewährtes System." Ab 1995 erhält die Dreier-Reihe serienmäßig Fahrer- und Beifahrer-Airbag.

In Sachen Energievernichtung spendiert BMW dem E36 größer dimensionierte Bremsen als beim Vorgänger. Sie sind möglich durch Nutzung von 15 Zoll großen Rädern und verkürzen den Anhalteweg deutlich. Die Bremsscheiben der Einkolben-Faustsattelbremsen wachsen auf 286 Millimeter (innenbelüftet bei 320i, 323i und 328i) und tragen zur Standfestigkeit bei. Scheibenbremsen rundum sind anfangs allerdings noch nicht in allen Modellen Standard. So müssen 316i, 318i und 318tds mit Trommelbremsen an der Hinterachse auskommen. Die besten Bremsen hat naturgemäß der 325i, dort ist das Teves-ABS schon 1990 serienmäßig installiert. Für die anderen Modelle ist es optional (Preis 1991: 1700 DM) zu haben.

Interessant ist ein Bremsentest im Fachmagazin *mot* aus dem Jahr 1996. Verglichen werden 318i und 323i. Da besitzt der 318i noch immer vorne unbelüftete Einkolben-Faustsättel mit einem Scheibendurchmesser von 286 Millimeter, die Scheibendicke beträgt zwölf Millimeter. An der Hinterachse arbeitet eine Simplex-Trommelbremse mit Trommeldurchmesser 228,5 Millimeter, die Trommelbreite wird mit 40 Millimeter angegeben. ABS ist vorhanden. Das Ergebnis: Von 100 auf 0 km/h je nach Reifentyp bei Nässe 55,83 bis 50,60 Meter Bremsweg, bei trockener Fahrbahn 45,06 bis 40,93 Meter.

Der 323i kommt vorne ebenfalls mit Einkolben-Faustsätteln und der Scheibendurchmesser beträgt so auch 286 Millimeter, die Scheibendicke ist allerdings mit 22 Millimeter anders. Außerdem sind die Scheiben innenbelüftet. Hinten sind ebenfalls Einkolben-Faustsättel montiert, die Scheibengröße beträgt 276 Millimeter, die Scheibendicke 19 Millimeter. Die Scheiben sind auch hinten innenbelüftet. Je nach Reifentyp steht der 323i auf nassem Untergrund nach 52,41 bis 50,91 Metern, auf trockener Strecke nach 41,15 bis 39,39 Metern. Zuletzt testen die Spezialisten noch auf trockener Fahrbahn, wie sich die Bremsen in kaltem und warmem Zustand verhalten. Der 318i benötigt mit kalten Bremsen 45,06 Meter, mit warmen 45,51 Meter. Der 323i steht kalt nach 41,15 Metern und warm nach 41,50 Metern.

Ab September 1991 ist das ABS serienmäßig, ebenfalls von 1996 an steht den Kunden ab dem 320i bis zum 328i sowie im 325td und 325tds ohne Automatikgetriebe serienmäßig das ASC+T-System zur Verfügung („Automatisches Stabilitäts Control + Traction"). Es soll das Risiko, dass das Fahrzeug ausbricht, mittels einzeln abgebremster Räder minimieren, verwaltet von der Motorsteuerung. Alle Modelle kommen nun auch mit Fahrer-, Beifahrer- und Seitenairbags vorne. Man ist stolz auf eine Sitzerkennung im Beifahrersitz, damit dessen Airbag sich im Gefahrenfalle nur öffnet, wenn auch wirklich jemand dort sitzt. BMW schreibt dazu: „Es ist darauf zu achten, daß der Beifahrer stets angeschnallt ist und ausreichend Abstand zum Handschuhfach hält."

Der Komfort

Natürlich muss der neue Dreier mehr Komfort bieten als der Vorgänger – und die Ingenieure bemühen sich. Dazu gehört der gewachsene Knieraum im Fond, aber auch die Kopffreiheit wächst dort dank der neu geformten Sitzbank. Der Einstieg vorn gerät leichter dank größerer Türen, und die abgesenkte Ladekante des Kofferraumes erlaubt das mühelosere Ein- und Ausladen von schweren und sperrigen Gegenständen.

Die Insassen genießen grünes Wärmeschutzglas rundum. Zwei verstellbare Lüftungsdüsen stehen dem Fahrer, weitere zwei dem Beifahrer zur Verfügung. Die Heizluft kommt aus allen vieren. Die optionale Klimaanlage versorgt den Innenraum und damit Fahrer und Beifahrer mit Frisch- und Warmluft, leise, zugfrei und elektronisch geregelt. Eine einmal eingestellte Temperatur wird konstant eingehalten. Auf Wunsch kann das System mit einem austauschbaren Mikrofilter gegen Partikel wie Ruß, Asbest, Staub und Blütenpollen ausgestattet werden. 1997 ist optional auch eine Klimaautomatik mit Mikrofilter erhältlich, die es erlaubt, dass sich Fahrer und Beifahrer jeweils ihr eigenes Klima einstellen können. Die Temperatur wird unabhängig vom Fahrtempo oder der Gebläseeinstellung gehalten. Insgesamt zwölf Luftaustrittsöffnungen sollen für eine gleichmäßige und effiziente Belüftung des gesamten Innenraumes sorgen.

Das Fachblatt *mot* mosert allerdings schon 1990 ein bisschen über hier und da fehlenden Komfort wie die Position des Lenkrades, das nicht genau vor dem Fahrer steht und über die fehlende Lenkrad-Höhenverstellung. Das Handschuhfach sei außerdem klein – was aber wohl der Vorbereitung auf einen Beifahrerairbag geschuldet sei. Und überhaupt: Das Bezugsmaterial des Cockpits sehe zu sehr nach Kunststoff aus, der alte Dreier habe edler gewirkt.

Wer die orthopädisch wertvolle Mehrzonen-Schaumtechnik in den Seriensitzen nicht will, kann optional zum Sportsitz greifen. Der ist an den Sitzaußenbahnen und an den Wangen der Rückenlehne noch mehr ausgeformt und man kann ihn zusätzlich in der Neigung verstellen und die Oberschenklauflage verlängern.

Zu den Komfortfeatures zählt auch die neue elektronische Wegfahrsperre EWS (1997). BMW erklärt die Funktionsweise wie folgt: „In den mechanischen Schlüssel ist ein Chip mit elektronischer Codierung integriert. Sie besteht aus einem fest definierten Personality Code und einem zweiten Code, den die EWS bei jedem Startvorgang ändert. Beim Einschalten der Zündung liest sie zunächst den Personality Code und fragt dann nach dem Wechselcode. Werden beide Antworten akzeptiert, gibt die DWS die Digitale Motor Elektronik bzw. die Digitale Diesel Elektronik mit einem ebenfalls codierten Signal frei. Ohne dieses Signal kann der Motor selbst durch Kurzschließen nicht mehr gestartet werden. Die Energie für den Datenaustausch wird drahtlos über eine Antenne im Lenkradschloss übertragen. Das gilt auch für den Schlüssel mit Fernbedienung. Wenn deren Batterie einmal leer sein sollte, lässt sich Ihr BMW selbstverständlich weiter öffnen und starten. Und falls Sie Ihren Schlüssel verlieren, können Sie ihn von Ihrer Vertragswerkstatt sperren lassen und erhalten einen Ersatzschlüssel zugesandt."

Evulution des 3er-Schlüssels von links nach rechts: E21, E30, E36, E46, E90 und F30.

1997 wird eine E36-Limousine, ein 316i, dem damals nagelneuen Euro-NCAP-Crashtest (European New Car Assessment Programme, zu deutsch: „Europäisches Neuwagen-Bewertungs-Programm) unterzogen, bei dem die Limousine ziemlich schlecht abschneidet. Es gibt nur zwei von fünf Sternen für die Insassensicherheit von Erwachsenen und zwei von vier Sternen für die Fußgängersicherheit. Der Euro NCAP-Kommentar dazu beginnt so: „Durch den Frontalaufprall wurde die Kabine des 3er strukturell instabil und der Fahrer lief Gefahr, sich eine lebensgefährliche Brustverletzung zuzuziehen. Die Entfernung, um die das Lenkrad nach hinten verschoben war, stellte ein weiteres Verletzungsrisiko dar, während steife, aggressive Strukturen im unteren Bereich des Armaturenbretts auch das Risiko schwerer Knie-, Oberschenkel- und Beckenverletzungen des Fahrers erheblich erhöhten."

Beim Frontalaufprall wird die Windschutzscheibensäule zu sehr beansprucht mit der Folge, dass die Kabine instabil wird, die Fahrertür nicht hält und der Armaturenbrettträger sich teilweise löst. Das Lenkrad verschiebt sich um 223 Millimeter nach hinten und um 14 Millimeter nach oben. Das Bremspedal dringt 321 Millimeter in den Innenraum ein. NCAP weiter: „Der serienmäßige Airbag löste spät aus und bot keinen ausreichenden Schutz; Auch das Lenkrad ragte zu weit in den Innenraum des Autos hinein. Dieser Eingriff könnte die Wahrscheinlichkeit schwerer Verletzungen für Fahrer unterschiedlicher Größe oder in unterschiedlichen Sitzpositionen erhöht haben."

Mit dem Nackenschutz sind die Tester zufrieden, die Brust des Fahrers aber ist trotz Gurt und seinen diversen Funktionen durch das Lenkrad gefährdet. Den Schutz für Knie, Oberschenkel und Becken bezeichnen die Tester als „schlecht". Nach dem Test stellt sich heraus, dass der linke Fuß des Dummys zwischen der Brandschutzwand des Wagens und dem Boden eingeklemmt ist. Die Fahrertür kann mit etwas Kraftaufwand geöffnet werden. Der Beifahrerschutz erweist sich als okay. Die Beifahrertür ließ sich normal öffnen.

Beim Seitenaufprall sind der Kopf und das Becken des Fahrers gut geschützt, die Brust jedoch zu wenig und der Bauch schlecht. Und weiter: „Die Verankerung des Erwachsenengurts befindet sich vor den Befestigungspunkten des Kindersitzes und bietet keine Rückhaltung für den ersten Teil der Vorwärtsbewegung während eines Unfalls. Dadurch konnten sich die Sitze im Test verdrehen. Die Dummys legten eine weite Strecke nach vorne zurück und obwohl ihre Köpfe nicht auf die Vordersitze prallten, bestand bei dem kleineren Dummy die Gefahr schwerer Verletzungen."

Die Bewertung für den Fußgänger-Aufprall fällt je nach Größe des Unfallgegners und je nach Körperteil und Stelle, mit der er das Auto berührt, unterschiedlich aus. Zum Beispiel beim Beinaufprall lassen die Tester am E36 kein gutes Haar.

Die Modellpflege 1996

Zum Modelljahr 1997 spendiert BMW eine Modellpflege. Die Motorenpalette reicht – seitdem BMW Ende 1995 erstmals Erdgas-Antrieb in Serie anbietet – von 87 PS im mit Erdgas befeuerten 316g compact bis 321 PS im M3. Im Einzelnen: Vierzylindermotoren mit 102 PS und 140 PS, dazu ein aufgeladener Diesel mit 90 PS; Sechszylindermotoren mit 2,0, 2,5, 2,8 und 3,2 Litern Hubraum und 150 PS, 170 PS, 193 PS und 321 PS. Schließlich zwei aufgeladene Sechszylinder-Diesel – mit Ladeluftkühler 143 PS, ohne 115 PS stark. Die günstigste 316i Limousine mit Serienausstattung kostet 1996 39.000 Mark. Die 1,6-Liter- und 1,8-Liter-Vierzylinder kommen jetzt mit der Differenzierten Sauganlage „DISA".

Optisch fallen kaum Änderungen auf: Die Niere ist etwas prägnanter geformt und besitzt einen breiteren Chromrand, aber das war schon vorher für 1000 Mark nachrüstbar. Alle Dreier des Modelljahres 1997 (bis auf M3) besitzen nun einen einheitlichen vorderen Stoßfänger mit waagerechten Lamellen. Der ist nun nicht mehr in Dunkelgrau gehalten wie die seitlichen Schweller, sondern in mattschwarz. Die Stahlräder erhalten geänderte Radkappen: Die serienmäßigen Radvollblenden aus Kunststoff behalten zwar ihre grundsätzliche Gestaltung, werden mit der Modellpflege jedoch etwas weicher und dreidimensionaler geformt und mit einem stärker glänzenden Klarlack versehen. Das bislang dem compact vorbehaltene Rad „BMW Styling" ist jetzt für neun Versionen aufpreisfrei zu haben.

Kleine Änderungen werden an den Scheinwerfern und bei den Blinkern im Kotflügel vorgenommen. Während die ersten Modelle noch H1-Linsenscheinwerfer sowie hellgraue Kunststoffstoßfänger mit großen Kühlluftöffnungen haben, fließen mit der Modellpflege H7-Scheinwerfer in Freiformtechnik, aerodynamisch optimierte Außenspiegel und Scheinwerferabdeckungen (jeweils mit kleinen Noppen gegen Windgeräusche) sowie Seitenblinker in den Kotflügeln in die Serie ein.

Die dritte Bremsleuchte, bislang nur optional zu haben und 120 Mark teuer, ist jetzt serienmäßig. Neu ist ein asphärischer und beheizbarer Außenspiegel. Die Einstiegsleisten für die Sechszylinder- und Kombiversionen wirken mit Chromeinlagen nun hochwertiger. Damit ist die Baureihe E36 eine der wenigen 3er-Generationen, die ohne größere optische Modellpflegemaßnahmen auskommt.

Innen kann man sich über ein neues Lenkraddesign freuen, es ist jetzt feiner gestaltet und beinhaltet ein farbiges Emaille-Emblem, wo vorher nur der Kunststoff geprägt war. Es gibt

Mit der Modellpflege 1996 erhalten die Nieren einen dominanteren Chromrand ...

... und die Stoßfänger sind nun auch in Wagenfarbe bestellbar.

neue Polsterfarben und -stoffe (Flachsgewebe). Zudem wird der Fahrerairbag serienmäßig. Mit Bestellung des Beifahrerairbags erhält das Cockpit eine etwas modernere Form, da die Ablageschale vor dem Beifahrersitz wegfällt und das Cockpit hier leicht angeschrägt wird.

Der Wählhebel der Automatikwagen liegt jetzt besser in der Hand und ist mit Leder bezogen. Netze an den Lehnen der Vordersitze und ein Spanngurt im Kofferraum machen das Verstauen von Dingen einfacher, den Sechszylindern werden Fußraumleuchten spendiert. Die Limousinen erhalten ein- und ausschaltbare Leseleuchten im Fond, der compact ein abschließbares Handschuhfach.

Der Kunde kann aus einer breiten Farbpalette wählen, bis hin zu ganz Ausgefallenem von der BMW-Sparte Individual, viele Kombinationen fürs Interieur und eine Menge an technischem Equipment wollen bedacht sein: Automatische Stabilitäts Control (ASC+T), Bordcomputer, Durchlademöglichkeit, Klimaanlage, Lederlenkrad, Leichtmetallräder, Park Distance Control (PDC), Schiebe-Hebedach und Sportfahrwerk sind nur ein paar Beispiele.

BMW wird zur Modellauffrischung wieder blumig: „Jedes Markenzeichen ist nur so gut wie das Produkt, das dahintersteht. So ist das Emblem auf dem BMW 3er ein Zeichen, das längst zum Symbol geworden ist. Es weckt Erwartungen – und hält Versprechen. Das Versprechen, daß technologische Visionen so konsequent wie möglich in die Praxis umgesetzt werden. Das Versprechen, daß sich die außergewöhnliche Technik auch in einem unverwechselbaren Design widerspiegelt. Das Versprechen, keine Kompromisse auf vier Rädern zu erhalten, sondern außergewöhnliche Lösungen – von der großzügigen Komfortausstattung bis zum vorbildlichen Sicherheitsstandard. Sie finden aber bei allen Limousinen immer das, wofür das BMW Emblem vor allem steht: Freude am Fahren. Selbst dann, wenn Sie nicht zum Vergnügen, sondern zur Arbeit fahren.“

1997 wirbt BMW bei der Dreier-Reihe mit elektrolytisch verzinkten Blechen, Phosphatierung und kathodischer Tauchlackierung, außerdem mit Kunststoffbeschichtung sowie Unterboden- und Hohlraumkonservierung. BMW ist stolz auf den Anteil an wiederverwertbaren Materialien – 80 Prozent des Autos sollten wiederverwendet werden können. Mehr als 50 Bauteile bestehen inzwischen aus recyceltem Kunststoff. Dazu die Bayern: „Qualität schützt Wert. Das Qualitätsdenken geht heute ganz andere Wege als früher. Früher gab es eigentlich nur einen Gedanken: Alles, was schwer ist, ist gut. Davon haben wir uns längst verabschiedet. Heute analysieren wir zuerst die Belastung, die ein Bauteil aushalten muss. Wir ermitteln bereits in der Entwicklungsphase mit Hilfe der Finite Elemente Methode die stabilste Konstruktion mit dem geringsten Gewicht und die verschleißfesteste Metall-Legierung. Qualitätsarbeit beginnt nicht erst an der Werkbank, sondern bereits in den Computern unserer Forschung und Entwicklung. Und sie endet nicht als Umweltbelastung, sondern in der Wiederverwertung.“

In seinen Werbe- und Pressematerialien präsentiert BMW den E36 gerne als junges, lifestyliges Freizeit-Mobil – perfekt für den Ausflug zum See.

Die Meinung der Presse

Kaum sind die ersten neuen Dreier als Testwagen zu haben, stürzen sich die Fachblätter auf die Autos. Die *mot* knöpft sich 1991 einen 325i vor und konstatiert unter anderem: schmale Sitze, gute Kopfstützen, Gurtverstellung mit störenden Kanten. Man sieht rechts am Armaturenbrett Vorbereitung für den Beifahrerairbag, was nicht sehr elegant gelöst ist. Die Instrumente sind klar und eindeutig, nirgendwo verdeckt, man hat alles im Blickfeld, die Heizungshebel sind günstig positioniert. Die Anzeige des Bordcomputers liegt zu tief, programmieren kann man nur im Stand, und 900 Mark Aufpreis sind teuer. Man raucht noch kräftig, und so ärgert die Tester die Ascherplatzierung zwischen den Sitzen neben der Handbremse. Die Stellung des Drehhebels für Gebläse, Heizung und Luftverteilung ist nachts nicht zu erkennen, und die Hupe in den Griffschalen gefällt ebenfalls nicht. Gut dagegen die Stellung des Schalters der Warnblinkanlage, weil er für Fahrer und Beifahrer gleichermaßen gut zu erreichen ist.

Die Tester messen 671 Kilo auf der Vorderachse, 673 Kilo hinten, was tatsächlich der angepeilten 50:50-Gewichtsverteilung entspricht. Zum 192-PS-Motor bemerken sie: „Er reagiert auf Gaspedalbewegungen so spontan wie ein Porsche Carrera oder ein anderes Heckmotorauto. Also so, als säße der Motor direkt in den Radnaben." Allerdings monieren sie ab 210 km/h heftige Windgeräusche. Sie verbrauchen 12 bis 13 Liter Sprit für 100 Kilometer, mit viel Vollgas auch 15 bis 16 Liter. Das Auto fährt sich handlich, ist kurvenwillig, straff gefedert und trotzdem komfortabel – „wie kein anderes Auto". Der Abrollkomfort ist selbst auf Querrinnen tadellos, im Grenzbereich benimmt er sich übersteuernd. Der Geradeauslauf ist allerdings nicht optimal, denn die Vorderräder laufen gern am Rand der Spurrillen.

Und dann noch etwas Gemecker: Der Waschwasserbehälter ist mit zweieinhalb Litern zu klein, die Scheibenwischer machen die Scheibe nicht sauber und die Kupplung erweist sich als relativ schwergängig.

1991 stellt die *mot* der 318i-Limousine einen Mercedes-Benz 190 E 1.8 gegenüber. Sie moniert, dass für den BMW kein Airbag zu bekommen ist, ein Lederlenkrad 350 Mark Aufpreis kostet und das ABS 1700 Mark. Die breite Mittelkonsole enge den Bewegungsspielraum der Beine ein, und unbequem sei der schräg nach vorn abfallende Boden vor den Sitzen. Außerdem würden die Sitze knarren, sie seien aber gut zu bedienen. Der Gepäckklappe fehle die Innenentriegelung, gut sei das vollwertige Ersatzrad. Hinten haben die Passagiere viel Platz, aber eigentlich gäbe es nur zwei zumutbare Sitzplätze und nicht drei. Außerdem läge die Einstiegsschwelle recht hoch und die Rücksitzlehne sei nicht umlegbar. Die Abschleppöse muss eingeschraubt werden, und die Huptasten sind zu klein. Beim Testwagen sind Wasserabweiser an A-Säule links und rechts unterschiedlich groß, zudem löst sich die Beschichtung des Lichtschalters ab – die Kritik bezieht sich aber fast nur aufs Interieur.

Das Handschaltgetriebe wird gelobt, der Motor kommt nicht so gut weg: Ihm wird ein rauer Lauf attestiert, feine Vibrationen stören, ab 3500 Umdrehungen werde er immer lauter. Die Tester entdecken noch einen nervösen Geradeauslauf und eine gewisse

Seitenwindempfindlichkeit. Die Lenkung kommt mit niedrigen Rückstell- und Haltekräften aus und überzeuge während der Fahrt mit Leichtgängigkeit. Allerdings würde es die Redakteure freuen, wäre das Lenkrad höhenverstellbar. Trotz Trommelbremsen hinten sei der Bremsdruck gut dosierbar, die Verzögerungsmechanik spreche gut an. Windgeräusche stören genauso wie ein Poltern von hinten rechts und das Heulen der Hinterachse. Das Ergebnis: Der neue Dreier verliert knapp gegen den Mercedes.

Auch die *auto motor und sport* nimmt sich 1991 einen Dreier vor, und zwar den 320i. Erfreut stellen die Fachleute aus Stuttgart fest, dass der 320i 21 PS stärker ist als der Vorgänger und mit 190 statt 164 Nm bestückt ist. Er ist aber auch 180 Kilo schwerer, trotzdem sprintet er in 8,9 Sekunden statt in 10,3 Sekunden von 0 auf 100 km/h; die 140 km/h-Marke schafft er in 17,6 statt 20,4 Sekunden, das Top-Tempo beträgt 214 statt 203 km/h. Dem Sechszylinder sagen sie eine leichte Antrittsschwäche nach, weisen aber darauf hin, dass er zu den besten Sechsern gehört, die zu haben sind. Der Motor arbeite völlig vibrationsfrei, es zeige sich auch kein Ruckeln bei Lastwechselreaktionen. Durch die sehr kurze Hinterachse arbeite der Motor bei Volllast immer im roten Bereich. Das Fünfganggetriebe sei aber gut abgestuft.

Starke Windgeräusche, die schon bei knapp über 100 km/h im Bereich der vorderen Türrahmen und der Frontscheibe auftreten, stören allerdings deutlich. Auch den Testverbrauch von 11,3 Liter Super monieren die Schreiber, zumal der 320i auf der Autobahn auch gern mal 13 Liter konsumiert.

Das Fahrwerk halten sie für untadelig, die Servolenkung wird gelobt, der Geradeauslauf gefällt dagegen nicht. Trotz allem hält die *ams* den 320i für die harmonischste und sportlichste Zweiliter-Limousine, die BMW je gebaut hat. Und sie räumen ihr gute Chancen bei den BMW-Fans ein, da der 325i gleich 9000 Mark mehr kostet.

1993 testet die *mot* den 325i mit Fünfgangautomatik, die laut Redakteuren sanft und ruckfrei arbeitet. Sie kostet zu der Zeit 3650 Mark Aufpreis – ein Sperrdifferenzial 930 Mark, ein elektrisches Schiebedach 1775 Mark. Kurze Zeit später knöpft sich die *mot* den 316i vor und attestieren dem 35.200 Mark teuren Auto ein hohes Niveau in Sachen Komfort und Verarbeitung. Sie sind positiv erstaunt über wenig Lärm, denn sie messen bei 100 km/h 67 Dezibel im vierten Gang und 64 Dezibel in fünften. Für einen Drehzahlmesser müssen 363 Mark extra bezahlt werden, das Durchladesystem mit asymmetrisch geteilter Rücksitzbank kostet 585 Mark, eine variable Lenksäule ist für 222 Mark zu haben. ABS, Seitenaufprallschutz, Gurtstrammer und nun auch der Fahrerairbag sind serienmäßig dabei: Der 361i schneidet ausgezeichnet ab.

Die *Auto Zeitung* wählt für ihren Test 1994 einen 318tds. 1,7 Liter halten sie bei einem Diesel für einen recht kleinen Hubraum. Dafür erfüllt der Vierzylinder bereits die Emissionsgrenzwerte, die erst ab 1996 gelten. Für Ruhe sorgt die Kunststoff-Sauganlage, eine schallabsorbierende, durch Gummielemente akustisch entkoppelte Zylinderkopfhaube sowie hydraulische Motorlager. Der Motor arbeite aber mit deutlichem Brummen und zeige über das gesamte Drehzahlband hohe Geräuschkulisse – auch wenn er warm ist. Ab 60 km/h stehe im vierten Gang voller Schub zur Verfügung, im fünften ab etwa 80 km/h. Die Handschaltung sei knackig, die Anschlüsse würden passen. Auch mit der Preisgestaltung können die Redakteure leben: Die Limousine kostet zu diesem Zeitpunkt 39.900 Mark. Zur Grundausstattung gehören Servolenkung, ABS, Fahrer-

Eleganz und Zeitgeist: Die Alu-Räder Styling 26 (Ellipsoid-Styling) auf dieser '94er Limo haben die Größe 7Jx16 und bieten Pneus der Dimension 225/50R16 perfekt Platz.

Gegen Ende der Bauzeit gibt es von den E36-Limousinen für den deutschen Markt drei Editions-Modelle: Die Comfort Edition, die Exclusiv Edition ...

airbag, Zentralverriegelung und eine geteilt klappbare Rücksitzbank. Aufpreispflichtig sind elektrische Fensterheber (745 Mark), Alu-Felgen (1250 Mark), das elektrische Schiebe-Hubdach (1590 Mark) und die Klimaanlage (3105 Mark).

Auch *auto motor und sport* schnappt sich einen Diesel, und zwar 1995 den 325tds in einem Doppeltest. Der sei „um Sportwagen-Faszination bemüht"… Im Fazit nennen sie als Vorteile ausgezeichnete Handlichkeit, gutes Drehvermögen, sichere Fahreigenschaften und gute Fahrleistungen, auf der Negativliste steht eine Drehmomentschwäche bei geringen Drehzahlen, unter anderem weil das Auto von 80 auf 100 km/h im fünften Gang lange 14 Sekunden benötigt. Der Grundpreis des 325tds beträgt zu diesem Zeitpunkt 49.900 Mark, für die Klimaautomatik kommen 3300 Mark hinzu, eine Lederausstattung kostet 3205 Mark.

Die *mot* besorgt sich 1995 nochmal einen 318i für einen Doppeltest. Die Getriebeabstufung ist für sie immer noch perfekt, aber jetzt kommt der Wunsch nach einem sechsten Gang bei hohen Tempi auf. Die Testfahrer genießen die geringe Seitenneigung durch kurze Federwege und hohe Federraten und die Bremsen, die sie mit zu den besten in der Mittelklasse zählen. Auch das Licht überzeugt sie, zum Beispiel dadurch, dass sich das Abblendlicht bei Nutzung des Fernlichts nicht abschaltet, was eine ausgezeichnete Lichtausbeute ergibt. Nichts klappert, nichts quietscht, die Passungen und Fugen sind gleichmäßig, die Materialen hinterlassen einen guten Eindruck. Das Auto ist übrigens mit Sportsitzen ausgerüstet, was einen Aufpreis von 758 Mark kostet.

Als der 328i den 325i ersetzt, lässt die *mot* beide gegeneinander antreten. Der 328i kostet 56.000 Mark – genauso viel wie zuletzt der 325i. Aber Beifahrerairbag und hintere Kopfstützen kosteten beim 325i Aufpreis. Die hat der 328i serienmäßig, womit er tatsächlich jetzt somit 1370 Mark billiger ist als sein Vorgänger. Der 328i kommt mit 193 PS statt 192 PS – mehr wäre möglich gewesen, aber laut *mot* will BMW bei dem Auto in der Haftpflichtversicherung nicht in eine höhere Klasse rutschen.

Der 328i stellt in allen Situationen mehr Drehmoment zur Verfügung, für den Sprint lässt sich der 325i eine Sekunde länger Zeit. In Sachen Elastizität von 60 auf 160 km/h messen die Tester beim 328i 22,4 Sekunden, der 325i benötigt 26 Sekunden. Sie loben den Durchzug im unteren und mittleren Drehzahlbereich: „Wie dieser Sauger für Vortrieb sorgt, erinnert an einen gut abgestimmten Turbomotor."

Die Getriebeübersetzung des 328i ist länger übersetzt, sie entspricht dem 540i – während die Gänge wie beim 525i und 530i abgestuft sind, was ein stets niedrigeres Drehzahlniveau garantiert. Zwischen 50 und 160 km/h ist der 328i um zwei Dezibel innen leiser als beim Vorgänger, außen klingt er aber kerniger als der 325i.

In Sachen Bremsweg messen die Tester für den 325i mit kalten Bremsen 43,5 Meter von 100 km/h auf 0, in warmem Zustand 44,3 Meter. Der 328i benötigt kalt nur 41,8 Meter, warm 43,3 Meter. Der 328i verbraucht im Test 10,1 Liter, 325i 10,6 Liter im Schnitt. Zehn Kilogramm weniger zulässiges Gesamtgewicht beim 328i halten die Schreiber für vernachlässigbar.

... und die Sport Edition.

Sonderausstattungen, Sondermodelle, Editionen

In Sachen Sonderausstattungen bewirbt BMW besonders das Autotelefon, den Bordcomputer und diverse Rad-Designs. Das Autotelefon funktioniert mit D-Netz und besitzt eine Freisprecheinrichtung. Der Bordcomputer informiert über Außentemperatur, Durchschnittsverbrauch oder erwartete Ankunftszeit. Unter anderem fünf Alurad-Designs stehen bei den Rädern zur Wahl: Streamline, BMW Sportspeichen-Styling II, BMW Styling II, Classic und Doppelspeichenstyling. Serie ist beim 328i „BMW Styling", alle anderen kommen aus dem Werk mit Stahlrädern. Ferner gibt es zum Beispiel ein Durchladesystem, einen Tempomaten, ein HiFi-Lautsprechersystem, Nebelscheinwerfer (Serie beim 323i und 328i), eine Park Distance Control (PDC), elektrische Sitzverstellung vorne, das M-Sportfahrwerk und die Stoßfänger in Wagenfarbe.

1992 wird BMW Individual gegründet, um auch ein bisschen „Werkstuning" anbieten zu können, und bald wird die Abteilung der Motorsport GmbH zugeführt. Sie sorgt sofort für Maßarbeit, die weit über das reguläre Sonderausstattungsangebot hinausgeht. Ebenso kümmert sie sich um individuelle Umbauten und Kommunikations-Elektronik.

Und um Polizeiautos: BMW baut vom E36 auch zivile Einsatzfahrzeuge. Sie stammen direkt aus der Serie, damit sie im Alltag so unauffällig wie möglich sind. Für den Einsatzzweck werden die zivilen BMW-Einsatzfahrzeuge bereits in der Basisversion mit einer umfangreichen Ausstattung geliefert.

Im Polizei-BMW 318i bietet eine zusätzliche Energieversorgung eine Batterie mit 65 Ah und einem 105-A-Drehstromgenerator. Im 320i und 325i werden 75-Ah-Batterien und 140-A-Drehstromgeneratoren eingebaut. Zur Absicherung dieser elektrischen Zusatzeinrichtungen dient ein im Motorraum leicht zugänglicher Sicherungsblock. Zum Aufladen der Starter- und Zusatzbatterie von außen befindet sich im Motorraum eine Ladesteckdose mit Überdruckschalter. Zum Ausstattungsumfang gehören auch Zentralentgasung, Trennrelais und eine Verbindungsstromleitung. Diese elektrischen Zusatzeinrichtungen sind durch einen im Motorraum leicht zugänglichen Sicherungsblock abgesichert. Zum Aufladen der Starter- und Zusatzbatterie von außen befindet sich im Motorraum eine Ladesteckdose mit Überbrückungsschalter. Die Innenraumsteckdose an der B-Säule ermöglicht zum Beispiel den Betrieb eines Handscheinwerfers.

Der zwei- oder dreistufige Alarmdrehzugschalter sind verwechslungssicher in einer Blende der Mittelkonsole montiert, in jeder Situation leicht für Fahrer und Beifahrer erreichbar. Bei Bedarf können auf dieser Konsole Instrumente für weitere Zusatzausrüstungen integriert werden. Auch der Einbau einer Heckantenne ist vorbereitet. Ein oder zwei Antennenkabel sind bereits vom Einbauort bis zum Handschuhfach verlegt. Für alle Modelle gibt es auf Wunsch eine Waffenhalterung im Dach zur platzsparenden und unauffälligen Unterbringung einer Maschinenpistole inklusive zweier Magazine.

Der dreistufige Alarmdrehzugschalter mit Polizeischaltung liegt griffbereit und verwechslungssicher platziert in einer Blende im Ablagefach der Mittelkonsole, leicht für Fahrer und Beifahrer erreichbar.

Die Innenausstattung der BMW 3er Einsatzfahrzeuge ist konsequent auf leichte Bedienbarkeit und hohen Fahrkomfort ausgelegt. So sind die Vordersitze mit einem hochwertigen Texturgewebe bezogen, und die Rücksitze und Türverkleidungen sind aus schwarzem Kunstleder gefertigt. Die Außenlackierung wird darauf abgestimmt. Dabei reicht die Palette der möglichen Farbabstimmungen von Kontraststreifen in Leuchtrot bis in Minzgrün hell. Aber auch vielfältige Sonderausstattungen, von der Standheizung mit digitaler Vorwahl- und Schaltuhr bis hin zu den beheizbaren Außenspiegeln können geliefert werden. Im Prospekt verspricht BMW süffisant: „Wir werden stets bemüht sein, Ihnen die optimale Lösung anbieten zu können."

Wer tiefer in die weitere Materie der E36-Sondermodelle einsteigen will, dem sei folgende Website empfohlen: https://m-flight-europe.com/alles-zum-bmw-e36/alle-bmw-e36-inklusive-z3-sondermodelle-die-je-gebaut-wurden/

Das Coupé setzt wie der ebenso von Claus Luthe entworfene 8er (E31) auf rahmenlose Türen. Die Scheiben werden beim Öffnen und Schließen um 1,5 cm abgesenkt.

DAS COUPÉ

Zweitürige Varianten der Dreier-Limousine gibt es auch schon vor dem E36. Die unterscheiden sich – mit Ausnahmen des M3 mit seiner flacheren Heckscheibe – aber sonst kaum vom Viertürer, was sich bei der Baureihe E36 ändert: Das Coupé erhält erstmals eine formal eigenständige Karosserie. BMW formuliert es marketing-gerecht in der offiziellen Broschüre zum Auftritt des Coupés: „Aufregendes Temperament, faszinierende Eleganz. Das BMW 3er Coupé: charaktervoll und faszinierend in der Linienführung. Eine gelungene Verbindung von kompakter Limousine und Sportwagen. Auch Automobilenthusiasten begeistern sich spontan für diese beeindruckende Harmonie von Eleganz und Dynamik und genießen diese spezielle Freude am Fahren. Der Auftritt des 3er Coupés – das Zusammenwirken des harmonisch perfekten Designs mit der zukunftsweisenden Technik – ist das Ergebnis konsequent angewandter BMW-Ingenieurkunst."

Das, was BMW dann aus dem Lastenheft zitiert, könnte allerdings sowohl zu jener Zeit als auch heute für jedes Auto gelten: Das neue Coupé soll „überlegene Fahreigenschaften und Fahrleistungen sowie eine optimale aktive und passive Sicherheit, innovative Technik, höchste Qualität und Zuverlässigkeit, aktuellsten Stand der Umwelttechnik, hervorragenden Akustik- und Klimakomfort, bestmögliche Raumverhältnisse und eine ausgewogene Aerodynamik" bieten.

Im Oktober 1991 erscheint zuerst das 325i Coupé, das bis 1995 auf dem Markt ist. Es folgt im Dezember 1991 das 320i Coupé (bis November 1998), das 318is Coupé vom Januar 1992 bis Dezember 1995 und der M3 als Coupé (November 1992 zunächst bis Juli 1995). Im September 1993 schiebt BMW die Einstiegsversion 316i Coupé nach, das bis Mai 1998 im Angebot bleibt. 1992 kostet der 318is 42.000 Mark, der 320i 45.300 Mark und der 325i 52.200 Mark. Im Januar 1995 löst der 328i den 325i ab und kann bis zum April 1999 gekauft werden. Im Mai 1995 kann der erneuerte 323i erworben werden, der dann bis zum April 1999 im Angebot ist. Der überarbeitete 318is kommt im September 1995 (bis April 1999), und schließlich kommt das gestärkte M3 Coupé auf den Markt (Oktober 1995 bis Januar 1998).

Chefdesigner Claus Luthe sorgt dafür, dass kaum ein Exterieur-Teil dem der Limousine gleicht – auch wenn die Außenlänge und der Radstand identisch sind. Nicht mal die Scheinwerfer oder die Rücklichter sind austauschbar, höchstens die Niere und die Stoßfänger. Luthe sagt dazu, er habe dem Coupé extra einen Notchback-Look gegeben, um an den sportlichen 2002 und an die erste Dreier-Serie zu erinnern.

Ein übernommenes Merkmal vom 850i ist das System rahmenloser Türen, bei denen sich die Seitenscheiben dank Mikroschalter beim Öffnen und Schließen der Türen um 15 Millimeter absenken und erheben, um eine gute Abdichtung

In der Silhouette werden die äußerlichen Unterschiede zur Limousine deutlich: Eine längere Front, längere Türen und eine geneigtere Frontscheibe sorgen für ein insgesamt flacheres Erscheinungsbild.

zu gewährleisten und somit hauptsächlich Windgeräusche zu minimieren. Die Türen sind deutlich länger als bei der Limousine. Das Dach gerät um sichtbare drei Zentimeter niedriger, die A-Säulen stehen acht Zentimeter weiter hinten, die Frontscheibe ist stärker geneigt. Das Coupé ist zudem knapp einen Zentimeter breiter als die Limousine. Die hinteren Dachpfosten sind besonders schlank, die Motorhaube flacher und länger, das Heck zwei Zentimeter niedriger, die Abrisskante hinten noch steiler geformt – alles für ein gestrecktes, dynamisches Erscheinungsbild. Die Mittelsäulen sind von Glas bedeckt, das Heck extra niedrig gehalten. Die Form sorgt für einen geringfügig niedrigeren Luftwiderstand und eine höhere Endgeschwindigkeit, unterstützt von einem etwas festeren Fahrwerk.

Das Coupé kommt mit Ausstellfenstern hinten und in Wagenfarbe lackierten Stoßfängern. Als stilistischer Feinschliff gelten Rundungen anstelle von Ecken an Front- und Heckscheibe, weiter in die Flanken reichende vordere Blinker mit größeren Radien, flachere und breitere Rückleuchten, in Wagenfarbe lackierte Außenspiegelkappen und Kofferraum-Griffleiste sowie neue, zierliche Leichtmetallräder. Verstärkungen im Bereich des Dachrahmens sowie mehr Serienausstattung macht das Coupé allerdings 35 Kilo schwerer als eine entsprechend motorisierte Limousine.

Entwicklungsvorstand Dr. Wolfgang Reitzle erklärt: „Wir haben uns diesen Schritt gut überlegt und ein paar hundert Millionen Mark investiert, um einen eigenständigen Zweitürer mit allen typischen Dreier-Merkmalen zu entwickeln. Wenn wir nach den ersten Jahren, in denen sich auch das einfachere Coupé gut verkauft hätte, nur 5000 Autos mehr pro Jahr absetzen, haben wir die hohen Investitionen wieder eingespielt."

Trotz gleichbleibender Sitzposition der Insassen ist kaum zu spüren, dass die Frontpartie verlängert wurde, indem die Windschutzscheibe etwas nach hinten versetzt und zum Ausgleich die Armaturentafel verkürzt wurde. Man muss den Kopf allerdings mehr neigen beim Einsteigen, und die Länge der Türen ist in Parklücken manchmal hinderlich. Die Insassen

Die Presse zeigt sich von Beginn an begeistert vom Coupé und vergleicht seine Fahreigenschaften mit denen kleiner Sportwagen.

sitzen tief in bequemen Sesseln, die stärker geneigte Scheiben sorgt aber nicht für ein beengtes Raumgefühl. Hinten ist das anders: Tester monieren ein schwieriges Einsteigen, weil der Platz zum Entern relativ klein ist. Die Rücksitzbank ist zwar für drei Personen zugelassen, aber die fühlen sich dann nicht wirklich wohl. Denn zwei Sitze sind ausgeformt.

Dem Fahrer allerdings geht es ausgezeichnet. Das Lederlenkrad ist ab dem 320i serienmäßig höhenjustierbar, die Instrumentierung und Anordnung wirken vertraut aus der Limousine. Der Kofferraum fasst 405 Liter, die Rücksitzlehne ist mit zwei Handgriffen umklappbar im Verhältnis 50 zu 50. Es gibt eine Sitzhöhenverstellung auch für den Beifahrersitz, elektrische Fensterheber, eine Zentralverriegelung, ab 1993 einen Fahrerairbag serienmäßig, ABS und ein vollwertiges Ersatzrad. 1993 kostet ein Automatikgetriebe 3050 Mark Aufpreis, die Klimaanlage 3105 Mark.

Das 1330 Kilo schwere 325i Coupé sprintet in 8,0 Sekunden auf 100 km/h (Automatik: 8,8 Sekunden), die Höchstgeschwindigkeit beträgt 233 km/h (Automatik: 231 km/h). Die Beschleunigung von 80 bis 120 km/h mit dem serienmäßigen Fünfgangschaltgetriebe dauert nur 8,4 Sekunden, was ein guter Elastizitätswert ist. In Sachen Verbrauch gibt BMW im Schnitt 8,8 Liter an, die Automatikversion gönnt sich 0,2 Liter weniger.

Am Heck ist das Top-Modell – abgesehen vom Schriftzug – an der Auspuffanlage mit zwei Katalysatorsträngen in paralleler Monolith-Anordnung und ovalen Doppel-Endrohren zu erkennen. Wie bei der Limousine ist das 325i Coupé mit einem Zweimassenschwungrad beim Schaltgetriebe ausgerüstet und kommt wie der 320i mit einer getrennten Feder-Dämpferlagerung vorne. Der 325i ist serienmäßig mit Nebelscheinwerfern in Freiformtechnik ausgerüstet. Ebenfalls steckt nur im 325i wie bei der Limousine serienmäßig das „Multi Informations Display mit Check Control", das unter anderem über den Kühlwasserstand und die Funktionsfähigkeit der Lampen Auskunft gibt. Eine separate Digitaluhr ist ebenso dabei wie eine zentrale Hinweisleuchte in den Instrumenten. Als Gimmick ist der 325i auch noch mit Einstiegsleisten samt eingelegten Alustreifen ausgerüstet – fürs Auge. Das 325i Coupé kostet anfangs 52.200 Mark, das sind 1400 Mark mehr man als für den Viertürer bezahlen muss. Aufpreisbereinigt ist das Coupé allerdings etwas günstiger.

Das dem 325i folgende 320i Coupé schafft den Sprint in 10,0 Sekunden (Automatik: 10,9 Sekunden), der Vortrieb endet mit beiden Getriebearten erst bei 214 km/h. Die Elastizität wird mit 10,2 Sekunden für das 1315 Kilo schwere Coupé (Automatik: 1350 Kilo) angegeben. Die Verbrauchswerte entsprechen denen des großen Bruders.

Als drittes Modell im ersten Schwung gesellt sich das 318is Coupé mit Vierzylindermotor zum Duo. Es ist leichter (1240 Kilo, mit Viergangautomatik 1280 Kilo) und absolviert den Sprint in 10,2 Sekunden, mit Automatik in 11,6 Sekunden. Die Vmax beträgt 213 km/h, mit Automatik ist schon bei 207 km/h Schluss. Die Elastizität liegt bei 10,7 Sekunden. Der kombinierte Verbrauch wird mit 8,3 Litern angegeben, die Automatikversion nimmt 8,5 Liter.

Natürlich besitzen alle Coupés das BMW-Sicherheitskonzept F.I.R.S.T. Außerdem steckt unter allen Modellen die Eingelenk-Vorderachse mit Bremsnickausgleich und Stabilisator,

Das Lederlenkrad ist in allen Coupés serienmäßig, ab dem 320i ist es auch in seiner Höhe verstellbar.

hinten arbeitet die Zentrallenkerachse mit Anfahr-Tauch-Reduzierung, Bremsnickausgleich und Stabilisator. Das Hinterachsgetriebe ist doppelt elastisch gelagert, rundum gibt es Gasdruck-Stoßdämpfer.

Die deutschen Fachblätter sind durchaus zufrieden mit den Fahreigenschaften der Coupés. Ihnen werden Eigenschaften wie bei einem kleinen Sportwagen zugesprochen. Mit geringen Lenkbewegungen lassen sie sich gut dirigieren, in Kurven reagieren sie auch bei hoher Querbeschleunigung neutral. Das Erreichen des Grenzbereiches kündigt sich durch leichtes Untersteuern an, Lastwechsel werden durch leichtes Zucken des Hecks quittiert. Auch bei den Coupés beträgt die Gewichtsverteilung optimale 50 Prozent vorne und 50 Prozent hinten, so wird die Leistung ohne Schlupf auch in engen Kurven in Vortrieb umgemünzt. Die Tester zeigen sich besonders erfreut, dass die Windgeräusche deutlich dezenter sind als bei der Limousine – bei 160 km/h immerhin um zwei Dezibel geringer.

Im Fond des Coupés ist naturgemäß weniger Platz. Dank umklappbarer Rücksitze ist der spontane Baumarktbesuch jedoch kein Problem.

Erst 1993 folgt das Einstiegsmodell bei den Coupés, der 316i. Auch mit dem 1,6-Liter-Vierzylinder-Zweiventiler sind noch ordentliche Fahrleistungen zu erzielen, zum Beispiel ein Sprint in 12,7 Sekunden – mit Viergangautomatik werden daraus allerdings 14,2 Sekunden. Auch mit 195 km/h Spitze kann man leben, wobei die Automatikversion nur drei km/h langsamer ist. Der 316i soll laut BMW 7,8 Liter auf 100 Kilometer verbrauchen, mit Automatik erhöht sich das auf beeindruckende 8,9 Liter.

Anfang 1995 schickt BMW den 325i parallel zur Limousine in Rente und ersetzt ihn durch den 328i. Nun rennt das neue Top-Modell 236 km/h, mit Fünfgang-Automatik nur vier km/h weniger. Der Sprint von 0 auf 100 km/h wird in 7,3 Sekunden absolviert, die Automatikversion nimmt sich mit 7,8 Sekunden nur wenig mehr Zeit. 9,2 Liter Verbrauch beziehungsweise 10,2 Liter mit Automatikgetriebe sind allerdings eine Folge davon.

Zur Abrundung des Programmes wird ab dem gleichen Jahr der Typ 323i mit 170 PS angeboten. Das 1385 Kilo schwere Auto schafft 227 km/h Spitze und sprintet in acht

Äußerlich hebt sich die zum Ende der Bauzeit angebotene Exclusiv Edition des Coupés durch weiße Blinker, Leichtmetallräder im BMW Styling II und fünf wählbare Sonderlackfarben ab.

Sekunden von 0 auf 100 km/h. Der 318is bekommt mit einem 1,9 Liter-Vierzylinder etwas mehr Hubraum, was sich vor allem in 5 Nm mehr maximalem Drehmoment äußert.

1995 kostet das 320i Coupé 51.000 Mark, das 323i Coupé 54.500 Mark und das 328i Coupé 57.600 Mark. Für die Park Distance Control muss man mit 650 Mark Aufpreis rechnen, für Sportsitze zahlt man 785 Mark extra. Das Motormagazin *mot* testet diese drei Coupés im August 1995 ausgiebig: Beim 320i monieren sie eine sehr kurz übersetzte Hinterachse, denn bei 200 km/h stehen schon 6000 Umdrehungen an. Bei den beiden stärkeren Modellen sind es bei 200 km/h nur 5100/min. Die hohen Drehzahlen des 320i führen demgemäß auch zu recht kräftigem Lärm. Für das Differenzial gilt eine Bau- und Übersetzungsgleichheit beim 323i und 328i. In Sachen Bremsen messen die Tester den 323i mit weniger als 40 Meter Bremsweg aus 100 km/h selbst nach der zehnten brutalen Bremsung dank innenbelüfteter Scheibenbremsen rundum. Der 320i steht nach 45 Metern, der 328i liegt dazwischen.

Das Coupé wird vom Publikum ausgezeichnet angenommen – der Verkauf macht etwa ein Drittel des Volumens der Limousine aus. Bestseller ist der 318iS mit 140 PS.

Genau 469.500 Stück werden gebaut, inklusive 46.525 Coupés des M3.

DAS CABRIOLET

Das sind noch Zeiten in den 1990er-Jahren – die Menschen hungern nach schönem Lifestyle, und da gehören Cabriolets durchaus dazu. Die Open-Air-Saison für Vier beginnt bei BMW schon 1986 und wird zu einer Erfolgsstory: Mit dem ersten viersitzigen Sechszylinder-Cabrio erschließt BMW nach Art des Hauses eine Nische mit erstaunlichem Platzangebot. Allein 1987 erfüllen sich 27.000 Käuferinnen und Käufer ihren Wunschtraum vom offenen 3er, Typ E30. Der Jahresabsatz pendelt sich 1988 und 1989 auf mehr als 21.000 Verkäufe ein, ehe das Ende des 1990 eingeführten 318i-Cabrios zu einer nochmaligen Steigerung des weiß-blauen Cabrio-Absatzes auf 23.000 Einheiten im Jahr 1991 – je zur Hälfte Vier- und Sechszylinder – führt. Ende 1992 sind insgesamt bereits mehr als 140.000 Exemplare des mittlerweile zum Klassiker gewordenen offenen Viersitzers produziert und verkauft. Eine Zahl, die auch die kühnsten ursprünglichen Planungen bei weitem übertrifft. Und die große Erwartungen an den Nachfolger E36 schüren.

Im März 1993 kommt das Cabrio zum E36 auf den Markt, und zwar auf technischer Basis des Coupés und gleich als Spitzenmodell, nämlich als 325i mit Sechszylindermotor. Er soll sich gleich durchsetzen gegen die Verdeckträger von Audi,

Dieses Exemplar, in der bei Cabrios seltenen Lackfarbe Stahlblau-Metallic, wurde als Individual-Modell ab Werk mit M-Felgen ausgeliefert. Lediglich die Kante und das Lüftungsgitter der Frontstoßstange wurden vor der Auslieferung beim Händler nachgerüstet – vom Kunden als „Parkrempler-Schutz" angedacht.

Saab oder Volvo. Der Preis ist stattlich: 65.000 Mark. Der 325i bleibt bis 1995 im Programm.

Im November 1993 folgt die 320i-Version, sie ist bis zum November 1999 zu haben. Im März 1994 schiebt BMW den 318i nach (bis November 1999). Schließlich folgt im April 1994 die M-Version (Juli 1995). Das Cabrio kommt auch in den Genuss des größeren Hubraumes beim Topmodell im Jahr 1995, so dass der 328i den 325i ersetzt und auf dem Markt bleibt bis November 1999. Schließlich kommt im März 1996 eine verbesserte Version des M3-Cabriolets, im November 1999 ist auch damit Schluss.

Vom Coupé hebt sich das Cabrio durch einen in Höhe der Türoberkante flachgestreckten Zug zum Heck ab, das auch (wie schon im Verhältnis des Coupés zum Viertürer) niedriger gehalten ist. Das soll das Cabrio optisch strecken, was gut gelingt – besonders, wenn das Auto offen ist. Das Stoffdach ist absichtlich so geformt, dass sich in geschlossenem Zustand ein ausgeprägter Coupé-Charakter ergibt. Der c_W-Wert von geschlossen 0,33 und offen 0,43 ist für ein Cabriolet durchaus bemerkenswert.

Wer wirklich alles wissen will über das Verdeck des E36 inklusive Probleme und Fehlerbehebung, wird im Verdeck-Kompendium (www.moskopp.com) fündig. Hier ein paar Auszüge: Für den E36 werden drei Verdeckvarianten angeboten: manuell, halbautomatisch und vollautomatisch. Die beiden automatischen Verdecke sind bis auf die Verriegelung am Windschutzscheibenrahmen weitgehend gleich. Bei der manuellen und der halbautomatischen Variante muss das Verdeck von Hand am Windschutzscheibenverschlußspriegel (Traum eines jeden Scrabbelspielers) mit einem Griff entriegelt werden. Beim manuellen Verdeck wird der Deckel über einen Entriegelungshebel geöffnet. Dieser Hebel ähnelt dem Türöffner, er befindet sich in der hinteren Seitenverkleidung hinter dem Fahrersitz. Während beim manuellen Verdeck das Dach von Hand im Verdeckkasten abgelegt werden muss, übernehmen das beim halb- und vollautomatischen Verdeck Motoren, die über einen Schalter in der Mittelkonsole bedient werden. Eine leuchtende LED in diesem Schalter bietet allerdings nur die Version mit dem vollautomatischen Verdeck. Sie blinkt, wenn der Windschutzscheibenspriegel nicht voll geschlossen und verriegelt ist. Beim vollautomatischen Verdeck entfällt die manuelle Entriegelung am Verschlussspriegel, die Arbeit wird von einem Motor übernommen. An dieser Stelle befindet sich stattdessen die Notentriegelung.

Wer es ganz genau wissen will: Gespannt wird das Verdeck über den hinteren Spannbügel, der komplett um die hintere

Das E36-Cabriolet macht vor allem offen eine gute Figur. Statt eines Stoffdachs ist ab Produktionsbeginn gegen 4500 DM Aufpreis auch ein Hardtop erhältlich.

Kante des Verdeckes herumläuft. Im Gestänge befinden sich Zuggummibänder, die parallel zum Fahrzeug verlaufen und den Hauptspriegel mit dem Heckscheibenbügel verbinden. Diese Bänder sorgen beim Öffnen des Verdeckes dafür, dass der Heckscheibenbügel an das zusammengefaltete Verdeck herangezogen wird. Hauptspriegel stützen die Dachhaut und tragen den Innenhimmel.

Im Verdeckkasten befinden sich zwei Schubstangen, mit denen das Verdeck bewegt wird. Eine Schubstange ist zuständig für den Spannbügel und eine über einen Hebelarm in der Verdeckbefestigung für den Hauptbügel der B-Säule. Die Stäbe bewegen sich durch eine Antriebsscheibe und eine Nockenscheibe in einer vorgegebenen Sequenz, die über den Motor angetrieben wird. Sobald der Motor läuft, werden die Schubstangen in ihre vorgegebenen Positionen geschoben oder gezogen.

Zum Öffnen des Verdeckes dreht die Antriebsscheibe zunächst entgegen dem Uhrzeigersinn und hebt den Spannbügel an. Ist der Verdeckkastendeckel dann geöffnet, dreht die Antriebsscheibe mit dem Uhrzeigersinn und legt das Verdeck im Verdeckkasten ab. Die Nockenscheibe wird „unterwegs" ausgekuppelt, sobald der Spannbügel im Verdeckkasten aufliegt. Die Antriebsscheibe bewegt sich jedoch weiter, bis das Verdeck vollständig im Verdeckkasten abgelegt ist.

Gesteuert wird die Mimik über ein Steuergerät, dass die jeweilige Verdeckstellung über bis zu acht Mikroschalter, die im Verdecksystem verteilt sind, abfragt. Angetrieben wird das Verdeck über insgesamt zwei Motoren, die sich auf der Fahrerseite im Kofferraum des Fahrzeuges befinden. Der Motor in Fahrtrichtung vorne sorgt über zwei Schubstangen für den Antrieb des Verdecks. Der zweite Motor in Fahrtrichtung hinten ist für das Öffnen und Schließen der Verdeckklappe zuständig und verfügt über einen Hallsensor, der die augenblickliche Position des Verdeckdeckels an das Steuergerät überträgt. Beide Motoren treiben das Verdeck über Getriebe an und sind von ihm abkuppelbar, um im Fehlerfall das Verdeck von Hand zu bedienen. Der dritte Motor befindet sich im Verschlußspriegel. Abgesichert ist die Verdeck-Elektrik über vier Sicherungen.

Einen Überrollbügel besitzt das Cabrio nicht. Dessen Funktion soll der Rahmen der Windschutzscheibe und die hinteren Kopfstützen, die im Falle eines Überschlages automatisch ausfahren, übernehmen. Auf Wunsch ist aber auch ein richtiges aktives Überrollschutzsystem (ÜRSS) zu haben, das Doppelbügel hinter den hinteren Kopfstützen aufstellt, wenn ein Überschlag bevorsteht. Die Seitenscheiben können komplett versenkt werden.

Das fehlende Dach hat zu diversen versteifenden Maßnahmen geführt. Zum Beispiel sorgen eine sehr steife Bodengruppe und Sitzquerträger, der verstärkte Windschutzscheibenrahmen mit verklebter Frontscheibe und Verstärkungsrohre in den Türen für einen formstabilen Fahrgastbereich.

Das Verdeck und seine Mechanik mit der bewährten Übertotpunkt-Kinematik glänzt mit verbesserten Dichtelementen, einer umlaufenden Regenrinne im Bereich der Tür- und Seitenscheiben, eine im Reparaturfall leicht austauschbare Heckscheibe und einen Innenhimmel, der den Akustik- und Raumkomfort erheblich steigern soll. Ein neu entwickelter Drehgriff erlaubt die Einhandbedienung beim Ver- und Entriegeln des Verdecks. Eine wesentliche Erleichterung stellt auch die Zentralbetätigung der Fensterheber dar, mit der alle Fenster gleichzeitig geöffnet und geschlossen werden können. Außerdem stellt diese Funktion sicher, dass bei offenem Verdeck und geschlossenen Fenstern alle Fensterscheiben automatisch um etwa 15 Millimeter abgesenkt werden, sobald die Verriegelung der Verdeckklappe betätigt wird. Beim Schließen des Verdecks muss also niemand mehr ans Absenken der Fenster denken.

Bei alledem spielt das erstmals bei einem BMW Cabriolet umgesetzte „2 in 1-Konzept" eine tragende Rolle: Das als Sonderausstattung vorgesehene in Wagenfarbe lackierte Alu-Hardtop ist von Anfang an konstruktiv und stilistisch so in die Entwicklung des Gesamtfahrzeugs mit einbezogen, dass das Cabrio mit ihm zum vollwertigen Coupé werden soll.

Im Vergleich zum Vorgänger bietet das neue Cabriolet alles, was sich die Herzen der Kunden wünschen: mehr Sicherheit, mehr Komfort und mehr Qualität. Es ist ausgestattet mit ABS, Airbag, Gurtschlossstrammer und Gurtstopper für die Vordersitze und mit neigungsverstellbarer Lenksäule. Auch beim Cabrio beträgt die Achslastverteilung ideale 50:50. Der Kunde hat eine große Auswahl an Materialien und Farben für die Innenausstattung und der Verdeckfarben sowie an serienmäßigen Leichtmetallfelgen.

Und natürlich auch an Motoren. Als Top-Modell 325i beschleunigt das Cabrio in 8,6 Sekunden auf 100 km/h und erreicht eine Höchstgeschwindigkeit von 229 km/h. Es wird 1995 vom 328i ersetzt.

Als ich im April 1994 ein 320i Cabriolet für den STERN testen darf, kostet so ein recht mager ausgestatteter Einstiegssechszylinder mit Softtop stattliche 60.500 Mark. Schon für die elektrische Bedienung des Verdecks müssen 1605 Mark extra bezahlt werden. Fahrspaß gibt es allerdings genug: Auch mit 150 PS ist der 1410 Kilo schwere Dreier ordentlich motorisiert. Die Verwindung hält sich in angenehmen Grenzen. Noch steifer zeigt sich der BMW allerdings mit dem optionalen Hardtop. Ein Alleinstellungsmerkmal, denn so etwas bieten Konkurrenten nicht an.

BMW produziert 196.544 Cabriolets des Baureihe E36 inklusive 12.144 M3 Cabrios.

Das Heck des E36-Cabrios ist gegenüber dem des Coupés leicht abgesenkt, der Kofferraum, auch zugunsten des vollversenkbaren Daches, merkbar kleiner.

Der E36-touring und seine großen Brüder der Serien 02 und E30 während einer typischen 1990er-Jahre Freizeitaktivität ...

DER TOURING

Der touring der zweiten 3er-Generation (E30) wird wegen seines langanhaltenden Erfolgs noch trotz der Einführung der Dreier-Reihe E36 bis Februar 1993 in insgesamt 126.000 Einheiten produziert. Klar, dass auch der Nachfolger eine Großraumvariante braucht. Die ist dann endlich ab Januar 1995 zu haben, ab März 1995 wird die voll produziert. Die Kombis sind grundsätzlich rund 100 Kilo schwerer als die viertürige Limousine und 500 Mark teurer.

BMW spricht vom „3er-Fahren in einem anderen Format. Das ist, wie die Marktforscher wissen, ein wichtiger Kaufgrund für die Kundschaft eines Automobils in diesem sehr speziellen Segment, ebenso wie die vielfältige Nutzbarkeit. Der wichtigste Kaufgrund jedoch: Alles, was den kompakten BMW in Sachen Komfort, Qualität, Sicherheit, Design und Agilität zum Maßstab und zum Synonym einer ganzen Automobildimension gemacht hat, ist natürlich auch beim neuen ‚kleinen' touring serienmäßig. Er ist 3er durch und durch."

Der 3er-touring basiert auf der viertürigen Limousine, das Design soll eine kompromisslose Ableitung davon sein. Das Chassis, das Fahrwerk, die Motoren, die Getriebe sowie die Karosserie bis zur B-Säule sind sogar identisch, danach spendiert BMW dem touring bis zum Heck eine spezifische Linie. Das Heck wird von einer großen Tür geprägt, die zum besseren Be- und Entladen tief heruntergezogen ist und sich über die gesamte Breite und Höhe des Fahrzeugs öffnen lässt. Der Fahrzeugboden ist wie bereits beim Vorgänger gegenüber der Ladekante leicht abgesenkt, so dass auch Kleinteile beim Öffnen der Hecktür nicht herausfallen können. Allerdings muss man schwere Sachen wie zum Beispiel eine Getränkekiste auch erst anheben, um sie entnehmen zu können.

Stolz ist BMW auf den Laderaum: Mit den bekannten DIN-Messquadern gemessen schluckt der touring bei voller Besetzung 370 Liter, wenn man das Abdeckrollo benutzen will. 600 Liter werden es, wenn man den Raum hinter den Fondsitzen bis zum Dachhimmel nutzt. Maximal sind es 1300 Liter – dann muss der Raum zwischen Vordersitzen, Dachhimmel und Hecktür zur Verfügung stehen.

Damit bietet der E36 fast überall mehr Platz an als sein Kombi-Vorgänger, was im Wesentlichen auf den breiteren Innenraum sowie auf die höhere Gürtellinie zurückzuführen ist. Tatsächlich hat sich das Mindestgepäckvolumen im Vergleich zum Vorgänger nicht geändert, bei umgeklappten Rücksitzen sind es aber nun maximal 195 Liter mehr. Insgesamt ist der neue touring 108 Millimeter länger als sein Vorgänger, 53 Millimeter breiter, elf Millimeter höher und kommt mit 130 Millimeter mehr Radstand. Die Spurweite wächst vorne um einen und hinten um sechs Millimeter.

Neben der reinen Größe des Stauraums im Heck freuen sich die Kunden über die Variabilität des 3er-touring. Die Rückenlehnen im Fond lassen sich komplett oder je nach Bedarf zu 1/3 oder 2/3 umklappen, was dem Gepäckabteil eine

Mit umgeklappten Rücksitzen bietet der touring ca. 1300 Liter Kofferraumvolumen. Allzu weit sollte die Fahrt für die beiden Bernhardiner besser trotzdem nicht sein.

Länge von 169 Zentimetern verleiht. Wer will, kann optional ein Fangnetz ordern, das hinter den hinteren, bei voller Nutzung des Laderaums aber auch hinter den vorderen Sitzen verankert werden kann. Zu den weiteren Ausstattungsdetails gehören die in den Dachhimmel über dem Laderaum integrierten Radiolautsprecher, der Heckscheibenwischer und ein Heckspoiler.

Alles kann, wie auch bei den anderen E36-Derivaten, durch eine Fülle an Ausstattungsvarianten und Sonderausstattungen beliebig individualisiert werden. So ist zum Beispiel eine Dachreling zu haben, die den touring-Charakter betont. Statt dieser Reling kann jedoch auch das für die Limousine entwickelte Dachträgersystem verwendet werden.

Als vermuteter Langläufer erhält der touring anfangs nicht nur die üblichen Motorisierungen als 320i und 328i, sondern auch zwei Dieselvarianten mit 318tds (90 PS) und 325tds (143 PS).

Im September 1995 folgt eine Vierzylinder-Benziner-Variante mit dem 318i (115 PS), Im Dezember des gleichen Jahres folgt der 323i mit 170 PS. Der kleinste touring und damit auch das letzte neue Modell der gesamten E36-Baureihe kommt im März 1997 mit dem 102 PS starken 316i.

Günstig sind die touring naturgemäß nicht. So kostet der 318tds als ursprüngliches Einstiegsmodell 43.700 Mark inklusive 15 Prozent Mehrwertsteuer, es folgt der 320i touring mit runden 50.000 Mark. Der 325tds ist etwas teurer mit 52.400 Mark, das Topmodell 328i touring kostet 58.500 Mark.

Die Dachreling gibt es nicht serienmäßig ab Werk, lässt sich aber auf den allermeisten touring finden. Zur Not nachgerüstet ...

Gegen 1996 führt BMW für einige Varianten des touring, aber auch für das Cabrio, das Coupé und den compact „Editionen“ ein, die die Autos rein optisch ein bisschen auffrischen sollen. Zum Exterieur der „Comfort-Edition“ gehören im Jahr 1998 breite seitliche Stoßleisten, Leichtmetallräder „Streamline“ in der Größe 7Jx15 mit Reifen der Dimension 205/60 R15, weiße Blinkleuchten und ein Heckscheibenwischer. Innen kann man sich freuen über eine Außentemperaturanzeige, einen Bordcomputer, Einstiegsleisten mit eingelegten Aluminiumstreifen, elektrische Fensterheber hinten, das Flachgewebe Klee/Rattan uni, das Flachgewebe „Struktur“, Fußmatten, ein Lederlenkrad, das Radios BMW Reverse RDS oder Business RDS und den Schalthebel- und Handbremsbalg in schwarzem Leder.

Die „Exclusiv-Edition“ beinhaltet je nach Modell fürs Exterieur Leichtmetallräder „BMW Kreuzspeiche“ in 16 Zoll oder BMW Styling II in 15 Zoll, weiße Blinkleuchten und Heckscheibenwischer. Innen sollen unter anderem die Automatische Umluft-Control, elektrische Fensterheber hinten, Alu-Einstiegsleisten, Fußmatten, ein Innenlichtpaket, eine Klimaautomatik oder eine Klimaanlage, ein Lederlenkrad, das Radio Reverse RDS und eine Sitzheizung überzeugen.

Bleibt noch die „Sport Edition“, die für das Äußere ein Aerodynamik-Paket inklusive Nebelscheinwerfer bereithält, dazu unter anderem breite seitliche Stoßleisten, LM-Räder „Radialstyling“ in 16 Zoll, weiße Blinkleuchten, das M-Sportfahrwerk und ein Heckscheibenwischer. Das Interieur soll aufgewertet werden durch Alu-Einstiegsleisten, schwarze Velours-Fußmatten, eine Dachhimmelverkleidung in anthrazit, ein M-Lederlenkrad, Leder am Schalthebel- und handbremsbalg, die Sitze in Boa-Boa/Amaretta und Sportsitze für Fahrer und Beifahrer.

Pro Jahr kann BMW rund 30.000 touring verkaufen. Insgesamt finden genau 130.611 touring der Dreier-Reihe E36 neue Besitzer.

DER COMPACT

Der VW Golf erobert die Welt – da will und muss BMW etwas dagegensetzen. Und versucht es mit einem neuen Derivat der aktuellen Dreier-Reihe namens „compact“. Basierend auf der E36-Baureihe präsentiert BMW Ende 1993 eine um 22,5 Zentimeter verkürzte zweitürige Version mit großer Heckklappe, 1994 kommt sie auf den Markt. Dr. Wolfgang Reitzle, Mitglied des Vorstands der BMW AG und verantwortlich für Entwicklung, Einkauf und Technik, gibt unumwunden zu, dass der compact in seiner letztendlichen Form nicht von Anfang an geplant war. Na und? BMW hat in dieser Kompaktklasse ein unschlagbares Alleinstellungsmerkmal: Hinterradantrieb.

Auch sonst soll der compact alle Vorzüge der 3er-Reihe in sich vereinen: Variabilität, Sicherheit und Komfort. Die Planer geben die Devise aus: Das Auto muss jugendlich gestylt werden, agil und wendig sein und das ideale Stadtauto werden. BMW

Gerade in der Heckansicht unterscheidet sich der compact deutlich von Limousine und Coupé, das liegt vor allem an seiner größeren Heckklappe.

Der compact als Sondermodell „Open Air" mit Faltdach wird auf dem Genfer Salon 1995 ausgiebig und interessiert begutachtet.

wirbt: „Wie die Limousine Wünsche nach einem kompakten, zugleich aber hinlänglich Platz bietenden Automobil, das Coupé den Anspruch auf betonte sportliche Eleganz und das Cabrio das Freiluftverlangen erfüllt, so ist der compact der 3er für denjenigen, dem weniger Verkehrsfläche und ein hohes Maß an Variabilität wichtige Pluspunkte sind – der Kompaktere innerhalb der 3er-Reihe."

Der neue 3er compact wird 4,21 Meter lang und bietet trotzdem genug Platz für fünf Personen. BMW ist sich sicher: „23 Zentimeter nicht vorhandene Länge machen sich selbstredend auch beim Handling und gegebenenfalls bei einer engen Parklücke erfreulich bemerkbar."

Der compact ist ein Automobil in der 30.000 Mark-Klasse. Kühlermaske, Stoßfänger, Motorhaube, Kotflügel, Vorbaustruktur und Frontscheibe mit 61 Grad Scheibenneigung sind identisch mit der Dreier-Limousine, alles andere ist neu. Die kürzere Bodengruppe ist zur Aufnahme der Schräglenker-Hinterachse geändert worden, Seitenwände und Dachkontur sind komplett neu. Speziell die Struktur im Heckbereich ist umgestaltet, um einerseits die große Heckklappe aufzunehmen und um andererseits zum Insassenschutz bei Heckkollisionen beizutragen.

Die zweitürige Rohkarosserie mit großer, tief gezogener Ladekante und geklebter Frontscheibe gerät sehr steif: Gezielte Maßnahmen an der Heckstruktur der Karosserie sollen für Festigkeitswerte sorgen, die auf dem Niveau der Coupé- und

Limousinen-Karosserien liegen. Durch die dadurch geringen elastischen Verformungen im Fahrbetrieb sollen Knarz- und Knarrgeräusche an den Türen und Klappen vermieden werden. Der 3er compact erfüllt natürlich die Anforderungen der amerikanischen 35-Meilen-Frontcrash- und 30-Meilen-Heck- und -Seitencrash-Vorschriften sowie des 55-km/h-Offsetcrashs. Profilquerschnitte mit maximaler Steifigkeit, geschlossene Trägerstrukturen mit großen Volumina sowie besonders steif ausgelegte Knotenpunkte werden mit Unterstützung von CAD, FEM und Modalanalyse konstruiert. Achteckige Motorträger und Achtecklängsträger in der Heckstruktur sorgen für einen weich ansteigenden Kraftverlauf bei einem eventuellen Aufprall und ermöglichen bei mittleren Beschädigungen kostengünstige Abschnittsreparaturen der Karosseriestruktur. Der Seitenaufprallschutz wird durch den stabilen Seitenrahmen, die Abstützung der Türen am Seitengerippe und den über massive Türscharniere und Schlösser hergestellten Karosserieverbund sowie die extreme Festigkeit im Bereich der Hinterachse bewirkt. Stabile Verstärkungsrohre in den Türen ergänzen das Side-Impact-System. Serienmäßig sind ABS, Fahrerairbag, Seitenaufprallschutz und Gurtstrammer dabei.

In den 15-Zoll-Rädern sitzen Scheibenbremsen mit Ein-Kolben-Faustsattelbremsen an der Vorderachse. Die Hinterachse des 316i beinhaltet ABS-taugliche Trommelbremsen. Der 318is erhält schon Scheibenbremsen rundum, wenn auch unbelüftet.

Tester bestätigen im normalen Fahrbetrieb dem BMW compact ein neutrales Eigenlenkverhalten bei hohen Querbeschleunigungen und geringe Lastwechselreaktionen in Kurven. Bei der Annäherung an den Grenzbereich wechselt das Fahrverhalten zum leichten Untersteuern, bleibt aber gut beherrschbar.

Das Design wird bestimmt durch die deutlich proportionierte Niere als beherrschendes Markenkennzeichen und Doppelrundscheinwerfer, die bei genauer Betrachtung anders sind als bei den größeren Brüdern. Für die seitliche Silhouette bedienen sich die Designer bei Stilelementen der viertürigen Limousine und des Coupés. Die deutlich längeren Türen sollen der Seitenansicht eine coupéhafte Ausstrahlung verleihen, was die schwarz eingefärbten B-Säulen und die langen hinteren Seitenfenster verstärken. Die Türfenster sind anders als beim Coupé mit einem festen Scheibenrahmen ausgerüstet, der bis in die Dachkontur läuft. Das ist nicht nur kostengünstiger bei der Produktion, sondern erlaubt wahlweise manuelle oder optionale elektrische Fensterheber und ermöglicht durch den hohen Türausschnitt einen guten Zugang zu den Fondsitzen.

Die Optik des kurzen, hohen Hecks ist ebenfalls von Designelementen der 3er-Reihe geprägt, so dass der compact auch von hinten als typischer BMW zu erkennen ist. Die Heckleuchten in den Seitenteilen und die Stoßfänger hinten sind dem neuen Außenstyling angepasst.

Beim Fahrwerk entscheidet sich BMW für die Schräglenker-Hinterachse aus der Vorgänger-Dreier-Reihe E30 und der Vorder-

Die fehlenden 22,5 Zentimeter sieht man dem compact vor allem am Heck an. Die verlängerten Türen sorgen für einen Hauch Coupé-Feeling.

Unter der Haube aller compact-Versionen – außer dem 323ti – sitzen Reihenvierzylinder. Hier sorgt der M44 für 140 PS.

achse aus der aktuellen E36-Reihe, das heißt: Eingelenk-Federbeinachse mit Bremsnickausgleich, kleiner Lenkrollradius, Vorlaufversatz und Querkraftausgleich am Federbein. Der Querstabilisator wird über eine Pendelstütze am Querlenker angelenkt. BMW baut hinten die ältere Konstruktion ein, weil das Achskonzept für das Auto mit seinem sehr geringen hinteren Überhang und Standard-Heckantrieb aufgrund der Raumökonomie ohne Abstriche günstige Voraussetzungen für das agile, 3er-typische Fahrverhalten bieten soll. Die Achse mit Anfahr- und Bremsnickausgleich wird in Sachen Federung und Stoßdämpfung sowie der Achsaufhängungslager allerdings angepasst.

Im Vergleich zur Limousine erhält der compact eine völlig neue Innenausstattung. Die einteilige Instrumententafel ist neugestaltet und es gibt spezielle Farben und Materialien: Das Material- und Ausstattungskonzept „Personal-Line" ermöglicht eine Auswahl aus dreizehn Innenfarben, drei Stoffarten, einer Stoff-Leder-Kombination und einer Lederausstattung, die sich mit fünf Uni- und acht Metallic-Farbtönen kombinieren lässt.

Alle Bedienelemente sind entsprechend dem üblichen BMW-Ergonomiekonzept angeordnet. Sogar der Öffner des Handschuhkastens ist zum Fahrer hin orientiert. Aschenbecher und Zigarettenanzünder sind nicht Teil der Serienausstattung, stattdessen sind ein Ablagebehälter und eine Steckdose installiert. Für diejenigen, die im Auto rauchen wollen, ist ein Raucherpaket im Angebot.

Die Vordersitze in Schalenbauweise sind mit der bekannten Verstelleinheit an den Außenseiten der Sitzgestelle ausgerüstet. Zur individuellen Anpassung der Dreipunkt-Sicherheitsgurte an die jeweilige Körpergröße ist der obere Gurtumlenkpunkt manuell höhenverstellbar. Optional ist ein Airbag für den Beifahrer erhältlich. Gegen Aufpreis kann das Airbag-Serienlenkrad gegen ein Sportlederlenkrad mit Kompakt-Airbag getauscht werden. Auf den Rücksitzen ist eine konventionelle Gurtanlage installiert, also mit zwei Dreipunkt-Sicherheitsgurten außen und einem Zweipunkt-Beckengurt in der Mitte – die Innenraumvariabilität lässt eine andere Konstellation nicht zu.

Die Lehnen der Fondsitzbank sind im Verhältnis 50/50 umklappbar. Auf Wunsch gibt es für die hinteren Sitzlehnen leicht abnehmbare Kopfstützen. Neben zwei Ablagemulden sorgen vier Befestigungsösen und zwei Ladeguthalter dafür, dass im verkleideten und beleuchteten Gepäckraum nichts umherfliegt. Vor neugierigen Blicken schützt eine leicht abnehmbare Laderaumabdeckung. Der Kofferraum bietet ein Ladevolumen von 300 Litern, bei umgeklappten Sitzen steht ein maximaler Stauraum von 1030 Litern zur Verfügung. Der Kunststofftank mit 52 Litern Tankvolumen ist aufprallgeschützt vor der Hinterachse unter der Rücksitzbank angeordnet. Sein Einfüllstutzen ist aufgrund der gekürzten Wagenlänge nicht wie bei Limousine oder Coupé in der hinteren rechten Seitenwand zu finden, sondern aus Sicherheitsgründen vor das rechte Hinterrad verlegt.

Der M44-Reihenvierzylinder arbeitet nicht nur ab 1996 im 318ti compact, sondern bereits ein Jahr zuvor im Z3.

Als Reserverad setzt BMW ein sehr schmales Ersatzrad der Dimension T 125/90 R15 ein. Es ist außen unter dem Gepäckraumboden untergebracht und wird von innen am Kofferraumboden verschraubt. Der Luftdruck im Ersatzrad kann durch eine entsprechende Öffnung im Wagenboden von oben kontrolliert werden. Die Vorteile dieser Entscheidung: geringer Platzbedarf zugunsten des Kofferraums und geringeres Gewicht.

In Sachen Motor ist der compact zunächst nur als 316i erhältlich. Damit gelingt der Sprint 0 auf 100 km/h in 12,3 Sekunden, die Vmax ist 188 km/h. Er verbraucht 7,4 Liter unverbleites Superbenzin auf 100 km im Drittelmix nach DIN. Neben bleifreiem Superkraftstoff mit Octanzahl ROZ 95 kann auch jeder andere bleifreie Ottokraftstoff zwischen ROZ 91 und ROZ 98 gefüttert werden. Ende 1994 folgen weitere Motorvarianten, wie zunächst der 16-ventilige 318ti. Er spurtet aus dem Stand zur 100 km/h-Marke in 9,9 Sekunden, in den 200er-Club fährt er locker mit 209 km/h Spitze.

1995 buhlt der Turbodiesel 318tds mit 90 PS um Kundschaft ebenso wie der 316g mit 82 PS und bivalenter Antrieb Benzin/Erdgas(CNG). Bei Betrieb mit Benzin leistet der Motor 102 PS. Der Gastank ist als Zylindertank anstelle der Rückbank montiert. Das macht den 316g zum reinen Zweisitzer. Der sechszylindrige 323ti mit 170 PS folgt 1997. In Sachen Getriebe gilt für den compact das gleiche wie für den Rest der Dreier-Reihe: Serie ist ein direkt ausgelegtes Fünfgang-Handschaltgetriebe. Für 316i und den 318is gibt es wahlweise die Viergang-Automatik.

Als Sonderausstattung ist beispielsweise ein Autotelefon mit Freisprecheinrichtung im Angebot, ein Radio mit RDS und CD-Wechsler, ein HIFI-Aktiv-Lautsprechersystem, eine Klimaanlage, Lederausstattung, eine Park-Distance-Control, ein Bordcomputer, eine Geschwindigkeitsregelung oder ein Sportlenkrad mit Kompakt-Airbag, ein M Technic Fahrwerk und Sportsitze. Allerdings gehört auch ein Wischer für die Heckscheibe dazu – da durch die Gestalt des Fahrzeughecks die Heckscheibe im Fahrbetrieb kaum verschmutzt, soll der aber weitgehend entbehrlich sein.

Dass der compact eigentlich noch viel mehr kann als nur Golf-Gegner zu sein, zeigen die BMW-Ingenieure 1996 mit einem Power-Prototypen: Sie bauen den S50B32-Reihensechszylindermotor aus dem M3 Coupé in einen modifizierten compact ein. Das bedeutet unter anderem: 321 PS für 1300 Kilo Wagengewicht – eine Rakete, die die spätere Zeit der Kompaktsportler vorausnimmt. Aber aufgrund der kompakten Abmessungen und des geringen Gewichts zeigt sich bei Testfahrten mit dem Prototyp, dass der M3 compact nur etwas für geübte Fahrer ist. Denn volle Aufmerksamkeit der Entwickler gilt dem maximal sportlichen Auftritt sowie einem kompromisslos agilen Fahrverhalten. Und das bei einem Auto, das gerade die junge Kundschaft begeistern soll?

Im Aufklapp-Prospekt aus dem Jahre 1994 steht die Basisversion des 316i compact für 33.000 DM inkl. 15 % MwSt. Als Extras gibt es z.B. eine Lederausstattung für 2700 DM, Sportfahrwerk für 390 DM oder eine Cassettenhalterung für 100 DM.

Ganze 150 Kilogramm weniger bringen die Prototypen des compact im Vergleich zum ebenfalls gewichtsoptimierten E36 M3 Coupé – bei gleichem Radstand – auf die Waage. Innen haben die Ingenieure alles rausgeworfen, was nicht zwingend benötigt wird. Dafür erhält das M3-Derivat einen Überrollbügel und Rennsportsitze von Recaro. Letztlich ist der M3 compact aber zu stark für die angepeilte Kundschaft, so dass er nie in Serie gebaut wird. Diverse Enthusiasten allerdings haben sich ihren Traum vom Sechszylinder-Power-Compact selbst gebaut.

Der compact wird nach der Limousine und dem Coupé zur bestverkauften E36-Variante. Innerhalb der Karosserieform wird der 316i das erfolg-reichste Modell mit knapp 250.000 verkauften Stück bei Preisen ab 33.600 Mark. Das Top-Modell kostet 47.900 Mark. Insgesamt kann BMW in der Bauzeit von 1994 bis zum Jahr 2000 laut BMW Produktionsstatistik genau 396.122 Exemplare des compact absetzen. Zwei von drei compact-Käufern sind BMW-Neukunden. 65 Prozent von ihnen kaufen danach wieder einen BMW.

M ST 126
D
www.bmw-classic.de

3 DER BMW M3

Für alle Gelegenheiten: die M3 E36-Familie.

Muss man einem BMW-Fan einen M3 erklären? Wohl kaum. Es gibt gute Standardwerke über den zweiten Power-Dreier, und deshalb konzentrieren wir uns hier nur auf die wichtigsten Eckdaten.

Limousine, Coupé, Cabriolet

Klar, nach dem M3 der Baureihe E30 muss es auch einen M3 der Baureihe E36 geben. Und der muss selbstverständlich besser und vielleicht hat auch noch begehrenswerter sein als der Vorgänger. 1992 ist es so weit: BMW präsentiert die neue Generation des BMW M3 zunächst als Coupé, wie die gesamte Baureihe deutlich moderner, bemerkenswert stärker und zeittypisch komfortabler als der Vorgänger. Das Platzangebot im Fond fällt üppiger aus, selbst sperrige Gegenstände lassen sich dank eines Durchladesystems vom Gepäck- zum Innenraum mühelos verstauen. Der Preis beträgt anfangs 80.000 Mark, im September des gleichen Jahres sind es schon 83.000 Mark. 1994 folgen zwei weitere Karosserievarianten, nämlich die viertürige Limousine und das Cabriolet, das zu Beginn 91.300 Mark kostet.

Der neue offene BMW M3 auf der Basis des viersitzigen BMW 3er Cabriolets kommt serienmäßig mit elektrischem Verdeck und dem Überrollsystem „ÜRSS". In Verbindung mit der extrem steifen Rahmenkonstruktion der Windschutzscheibe sorgen zwei hinter den Kopfstützen der Rücksitzbank verbaute

Schon zu seiner Zeit selten wie Goldstaub: der viertürige M3. Gute Exemplare sind heute ab rund 30.000 Euro zu bekommen – wenn man denn welche findet…

Power-Freiluftsportler für weniger als 100.000 Euro: das M3 Cabrio.

und nicht sichtbare Überrollbügel für den Schutz der Passagiere im Falle eines Überschlags. Sensoren überwachen dabei die Lage des Fahrzeugs und lösen beim Erreichen von Grenzwerten die Verriegelung der Überrollbügel, die dann ohne Pyrotechnik, sondern nur durch Federkraft, blitzschnell ausfahren.

Unter den Fronthauben der drei Geschwister schlägt eine Novität für einen M3: ein Dreiliter-Sechszylinder. Der Motor Typ S50B30 soll das Beste aus zwei Welten in sich vereinen – einerseits bei Druck aufs Gaspedal wie ein Rennmotor agieren, andererseits mit seidigem Lauf glänzen, wenn es mal nicht so schnell vorangehen soll. 286 PS stellen die sechs Töpfe zur Verfügung, das sind 95,7 PS pro Liter Hubraum – Weltrekord für einen Saugmotor. Da kommen selbst „echte" Sportwagen wie Ferrari Mondial, Mercedes SL mit V12-Power oder der Porsche 968 kaum mit. 320 Newtonmeter haben mit den knapp 1,5 Tonnen des M3 keine Probleme, und wer will schießt in sechs Sekunden von 0 auf 100 km/h. Bei 250 km/h ist Schluss – abgeregelt, was nicht jeden Kunden erfreut.

Der Motor profitiert ganz besonders von der variablen Nockenwellenverstellung, kurz VANOS. Zur Erinnerung: VANOS verstellt die Nockenwellen stets so, dass sowohl im Teillastbereich als auch unter Volllast maximales Drehmoment zur Verfügung steht. Sechs Einzeldrosselklappen und die verstellbare Nockenwelle an der Einlassseite (VANOS) sorgen für eine sofortige Gasannahme und ein früh anliegendes maximales Drehmoment. Dazu kommt der typisch seidige Lauf bei jeder Drehzahl. Wild wird es dennoch, denn ab 5000 Touren erfolgt eine wahre Leistungsexplosion. Passend dazu soll die Kupplung beim Schalten bissig zuschnappen. Erst bei 7000 Umdrehungen liegt die volle Leistung an.

Klar könnten die Designer dem Sportwagen, der der M3 in jeder Karosserievariante ist, ein aggressives Kleid verpassen, aber das ist nicht BMW-Stil. Deshalb zeigt sich jeder M3 als Gentleman, vielleicht nicht unbedingt zurückhaltend, aber auf alle Fälle optisch nicht aufdringlich. Details lassen sich allerdings nicht vermeiden – wie die neuen Außenspiegel, die anders geformt sind, um der Luft möglichst wenig Angriffspunkte zu liefern.

Das niedrigere Erscheinungsbild ist eine Folge des M-Sportfahrwerks. Das legt die Karosserie um genau 31 Millimeter tiefer, was nicht nur gut aussieht, sondern auch Schwerpunkt und Fahrverhalten verbessert. Zentraler Bestandteil des Fahrwerks ist eine Eingelenk-Federbein-Vorderachse mit verstärkten Federtellern und Achsschenkeln. Die Zentrallenker-Hinterachse, reduziert das „Nicken" des Aufbaus beim Anfahren und Bremsen auf ein Mindestmaß. Die Längslenker sind allerdings an die gestiegene PS-Zahl angepasst. Deutlich straffer abgestimmt sind Dämpfer und Stabilisatoren. Wie gut das alles passt, zeigten

Anders als sein Vorgänger kommt der neue M3 äußerlich sehr dezent und unauffällig daher. Unter der Haube allerdings …

…werkelt ein 286 PS starker Sechszylinder. Der S50B30 bringt ein Leistungsgewicht von 95,7 PS pro Liter mit.

Bereit für Schnee, Eis, kritische Fahrsituationen und die Suche nach der Ideallinie: Als erster Großserienhersteller bietet BMW im Jahr 1977 eigene Lehrgänge an, um den Fahrern die optimale Fahrzeugbeherrschung zu vermitteln.

die Werte für die Querbeschleunigung. Normalerweise wird die Haftgrenze bei einer Querbeschleunigung von 0,8 g – dem 0,8-fachen der Erdbeschleunigung – erreicht.

Beim neuen Fahrwerk des BMW M3, das genau wie das des Vorgängers ausgiebigen Tests auf dem Nürburgring unterzogen wird, liegt dieser Wert bei beachtlichen 1 g.

Bereits im Herbst 1995 spendiert BMW dem M3 E36 eine Modellpflege – optisch äußert sich das durch Detailarbeit an den Nieren und den Blinkergläsern (weiß statt gelb). Die größte Änderung findet unter der Motorhaube statt: Der S50B30 ist weiterentwickelt, heißt jetzt S50B32 und trumpft mit 3,2 Liter Hubraum und Doppel-VANOS auf. Wie bisher werden dabei Leistung, Drehmoment, Leerlaufverhalten und Schadstoffemissionen durch die verstellbare Einlassnockenwelle verbessert, hinzu kommt eine synchrone Regelung der Auslassnockenwelle. Dadurch wird eine interne Abgasrückführung möglich, was den Ausstoß der Stickoxide deutlich verringert. Die Leistung gibt BMW mit 321 PS an, das maximale Drehmoment steigt um 30 Nm auf 350 Nm. Damit sprintet so ein M3 nun in 5,5 Sekunden auf 100 km/h. Die Vmax beträgt weiterhin 250 km/h, was die Fans immer noch – oder erst recht – ärgert.

BMW spendiert dem Handschaltgetriebe allerdings einen Gang mehr, nun kann der M3-Pilot zwischen sechs Gängen wählen. Für die Energievernichtung ist ab jetzt eine Compound-Bremsanlage zuständig, die die ungefederten Massen minimiert und thermischen Belastungen besser standhält. Es gibt großzügig

dimensionierte, vorn und hinten innenbelüftete Faustsattel-Scheibenbremsen. Das ABS, zu diesem Zeitpunkt bereits Serie in jedem BMW, ist selbstverständlich an das Hochleistungs-Sportcoupé angepasst worden. Das Ergebnis: Der neue BMW M3 verzögert aus hoher Geschwindigkeit noch besser als der Vorgänger, der in diesem Bereich bereits Maßstäbe setzte. Aus 100 km/h benötigt der E36 nur 2,8 Sekunden oder 35 Meter bis zum Stillstand. Ein Abbremsen aus 200 km/h ist in weniger als sechs Sekunden möglich.

Der Blick auf den M3-Tacho mit SMG (sequenziell-manuelles Getriebe): Das SMG-Display befindet sich rechts im Drehzahlmesser.

Bei M3 mit SMG wird der Gang durch Ziehen und Schieben des Schalthebels gewechselt.

1997 folgt eine echte Innovation: das sequenzielle M-Getriebe, das BMW auf Wunsch einbaut. Tatsächlich ist BMW der erste Hersteller, der ein automatisiertes konventionelles Sechsgang-Schaltgetriebe anbietet. Zieht man den Schalthebel nach hinten, schaltet man einen Gang hoch, schiebt man ihn nach vorne, schaltet man herunter – zu der Zeit sind Schaltwippen, wie wir sie heute kennen, noch nicht üblich. Das automatisierte Schalten benötigt ein elektronisches Kupplungssystem. Mehr Schaltkomfort ist ein Vorteil, andere sind zusätzliche Funktionen wie Begrenzung des Motorschleppmoments oder Schwingungsdämpfung im Antriebstrang zu steuern.

Das Schalten ohne mechanische Verbindung erledigen Hydraulik-Zylinder binnen 250 Millisekunden. Bedient werden diese Schaltzylinder über Magnetventile aus einem Hydraulik-Druckspeicher, Software sorgt für problemlosen Einsatz. Fehlschaltungen sind genauso unmöglich wie unangepasste Drehzahlsprünge. Das intelligente System sorgt sogar für den jeweils richtigen Gang bei Notbremsungen. Im Rennsport ist das SMG-Getriebe schon weit verbreitet, in einem Serienauto ist es eine Novität. Das System ist eine Gemeinschaftsproduktion der BMW M GmbH mit Fichtel&Sachs und dem Getriebehersteller Getrag. Der Nachteil ist anfangs die Fehleranfälligkeit.

Sogar auf dem südafrikanischen Markt wird der M3 E36 angeboten. Es gibt dort das Coupé mit Dreiliter-Motor (748 Einheiten) und später die Limousine mit dem 3.2-Liter-Motor (700 Einheiten). Allerdings verlassen diese Fahrzeuge Deutschland wegen der hohen südafrikanischen Einfuhrsteuern nur als

Gemeinschaftsproduktion: Getriebehersteller Getrag und Fichtel&Sachs entwickeln für die M GmbH ein sequenzielles Getriebe auf Basis der serienmäßigen Sechsgang-Schaltbox mit elektrohydraulischer Betätigung – nicht alle Fahrer sind davon überzeugt …

CKD-Fahrzeugbausätze (CKD = Completely Knocked Down) und werden erst vor Ort zusammengebaut. Deswegen inkludieren die oben genannten Zahlen noch nicht diese 1.448 Exemplare.

Der BMW-Blog Bimmertoday hat die Stückzahlen der verschiedenen M3-Karosserieversionen genau recherchiert: Insgesamt sollen 71.242 Exemplare des M3 E36 gebaut worden sein, davon 46.693 Coupés, 12.114 Cabriolets und 12.435 Limousinen. Genauer: Vom BMW M3 3.0 sind es 28.466 Stück (24.656 Coupés, 1975 Cabriolets, 1835 Limousinen), vom BMW M3 3.2 sind es 42.776 Exemplare (22.037 Coupés, 10.139 Cabriolets und 10.600 Limousinen) – Sonderserien inklusive, CKD-Autos exklusive.

Übrigens: Für den nordamerikanischen Markt legt BMW M einen eigenständigen M3 der Baureihe E36 auf. Dieser steht zunächst als 325is in den Schauräumen. Mit mehr Hubraum ausgestattet bringt es der von 1994 bis Mitte 1996 eingebaute Sechszylinder S50B30US auf 243 PS und 305 Nm Drehmoment. Der ab 1996 eingesetzte S52B32US erreicht die gleiche Spitzenleistung, wartet aber mit bis zu 320 Nm auf. Der amerikanische Markt ist mit 38.762 abgesetzten Einheiten und knapp 55 Prozent Gesamtanteil für den Vertrieb eindeutig am wichtigsten. Der Aufwand, Motoren nur für den US-Markt zu entwickeln, zahlt sich somit aus. Die europäischen Versionen des M3 E36 kommen dagegen nie offiziell auf den amerikanischen Mark.

Gleich zweimal hintereinander wählen die Leser des Fachmagazins *sport auto* den sportlichsten aller E36 zum „Auto des Jahres“. *Auto Plus* in Frankreich adelt den BMW M3 zum „Auto des Jahrhunderts“, und in den USA verleihen die Redakteure von *Automobile Magazine* dem neuen Star ebenfalls das Prädikat „Auto des Jahres“ – als erstem Importfahrzeug überhaupt.

Der serienmäßige Heckdiffusor sorgt für mehr Abtrieb an der Hinterachse und hält die Hinterräder des 286 PS starken M3 auf der Straße.

Für den US-Markt gibt es einen eigenständigen M3: Von 1994 bis 1996 bringt es der verbaute S50B30US auf 243 PS, ab 1996 kommt der drehmomentstärkere S52B32US zum Einsatz.

Leider nie in Serie gegangen: Unter der Haube des M3 compact werkeln eingepferchte 321 PS, aber das Management im Münchner Vierzylinder glaubt nicht an einen Verkaufserfolg.

Technologische Fingerübung der Ingenieure: Auch wenn der Prototyp aus dem Jahr 1996 bei Fahrtests schnell seine hohen Ansprüche an den Fahrer offenbart, so gilt er in der Szene als Wegbereiter für 1er M Coupé und M2.

Wertanlage mit Steigerungspotenzial: Dieser M3 GT mit der Nummer 340 von 356 befindet sich seit 2013 in den Händen seines Besitzers, der bis heute viel Freude mit seinem Fahrzeug hat.

Der BMW M3 GT

Moderner, stärker, komfortabler als der Vorgänger – das sind für viele M3-Neukunden und auch Bestandskunden alles Gründe, wieder zum M3 zu greifen. Es gibt allerdings auch die Hardcorefans, die vor allem das „komfortabel" stört und „stark" einem „stärker" vorziehen. BMW hat 1995 ein Einsehen und legt mit dem M3 GT noch eine Schippe drauf. Der M3 GT, der nur als Coupé zu haben ist, wird als Homologations-Modell aus der damaligen FIA-GT-Serie, der Division II und der IMSA-GT-Serie abgeleitet – mehr Motorsport-Wurzeln geht nicht, zumindest nicht bei diesem Modell.

Der S50B30-Dreiliter-Reihensechser kommt mit 295 PS bei 7000 Umdrehungen und einem maximalen Drehmoment von 323 Nm bei 3900 Umdrehungen, was ihn zum neuen Spitzenreiter unter den Saugmotoren macht – jetzt sogar mit einer Literleistung von 98,7 PS. Der Sprint gelingt 0,1 Sekunden schneller als im regulären M3, was aber hauptsächlich am Benzin-Stammtisch wichtig ist. Der Motor verfügt schon über die kurzen Ansaugrohre des 3,2-Liter-Motors S50B32 aus dem Facelift-Modell ab Ende 1995. Bereits ab Leerlaufdrehzahl entwickelt das Vierventilaggregat so viel Kraft wie der Motor des Vorgängers als Maximum.

Unter der Haube des M3 GT findet der auf dem M50 basierende S50B30-Reihensechszylinder mit leicht veränderter Abstimmung und damit 9 zusätzlichen PS seinen angestammten Platz.

Der M3 GT kommt 1995 mit exklusiv angefertigtem Heckspoiler …

Wer genau hinsieht, erkennt einen GT am anderen Frontspoiler und einem kleinen Heckflügel auf der Kofferraumklappe. Der besondere Clou: Der Fahrer kann den Frontspoiler in seinem Winkel verstellen. Es gibt aerodynamisch optimierte Außenspiegel und M-Doppelspeichen-Leichtmetall-Schmiederäder im Format 7,5J x 17 Zoll vorne und 8,5J x 17 Zoll hinten, die beim Serien-M3 nur als Sonderausstattung zu bekommen sind. Aufgezogen sind Reifen der Dimension 235/40 ZR17. Die vorderen Blinker stecken hinter weißem statt gelbem Glas, die zwei Türen bestehen aus Aluminium. Innen genießen die Mitfahrer Amaretta-Sportsitze mit Nappaleder-Bahnen in Mexicogrün, verziert von Dekorleisten aus Carbon. In Sachen Ausstattung ist das BMW M3 GT Coupé das Maß aller Dinge: Zwei Airbags gehörten ebenso zur Serie wie Sportsitze mit Nappaleder und Kohlefaserabdeckungen im Innenraum.

Eine Farbwahl ist nicht möglich – wer einen M3 GT fahren will, muss das in British Racing Green tun, Farbcode 312. Nur 356 Exemplare werden gebaut inklusive fünf Vorserienmodelle. Anfang 2023 soll es in Deutschland laut Kraftfahrtbundesamt noch 40 überlebende Exemplare geben. Preis des M-Hammers, der nur in Deutschland zu haben ist: 91.000 Mark.

… und ebenfalls speziellem, vom Fahrer verstellbaren Frontspoiler. Die weißen Blinkergläser sind auch beim „normalen" M3 ab dem Facelift 1995 Serie.

Farbauswahl haben die GT-Kunden nicht: Den M3 GT gibt es nur in elegantem British Racing Green.

Auch das Interieur überzeugt durch sportliche Eleganz mit Carbon-Dekorleisten und Sportsitzen mit Nappaleder-Bahn in Mexicogrün.

Wie beim M3 legt BMW auch wieder für den amerikanischen Markt eine eigene Kleinserie auf: den BMW M3 LTW („Lightweight"). Zwischen August und Oktober 1995 werden 126 Exemplare gebaut – ohne Klimaanlage und Schiebedach, Radio oder Alarmanlage. Zusammen mit einem dünneren Teppich im Innenraum und reduzierter Dämmung wiegt der LTW nur rund 1.350 Kilogramm – der deutsche M3 GT wird mit 1440 Kilo angegeben. Vorne arbeitet der aus dem BMW 325i stammende M50B25-Motor mit nur 243 PS und damit etwas weniger als der S50B30 des deutschen Schwestermodells. Den LTW gibt es ebenfalls nur in einer Farbe: Alpinweiß, Farbcode 146. Der 2013 verstorbene Fast&Furios-Schauspieler und Autofan Paul Walker soll fünf Exemplare besessen haben.

4 DIE TUNER

Hartge aus Beckingen verpasst dem M3-Coupé eine Leistungssteigerung, die für 350 PS bei 7400 U/min sorgt. Äußerlich kommt er, bis auf die Felgen, eher dezent daher.

Was Anfang der 1970er Jahre beginnt und sich in den wilden 1980er Jahren zu einer Art Blütezeit entwickelt, wird auch noch on den 1990er Jahren dankbar aufgegriffen: der Trend der Fahrzeugbesitzer zur Individualisierung.

Die Palette der angebotenen Teile für den E36 reicht von Sportfelgen bis zu Komplettfahrzeugen. Und der Bedarf ist gerade beim sehr gut verkauften 3er so groß, dass viele Firmen mit ihren Produkten und Kreationen um die Gunst der Kundschaft buhlen. Ein Trend, an dem das Werk nicht ganz unschuldig ist: Kostet ein M3 E30 im Jahr mit 58.000 Mark „nur“ rund 15.000 Mark mehr als der als ein 325i Cabriolet (teuerstes Top-Modell der Reihe), ziehen die Preise beim M3 E36 kräftig an: Mit 80.000 Mark steht das neue M3 in der Preisliste von 1992. Diese Preiserhöhung um rund 40 Prozent steigert die Attraktivität eines 325i Coupé mit 55.350 Mark erheblich – und lässt auch genug finanzielle Spielräume für Individualisierungsmaßnahmen.

Apropos: In Sachen Tuning beim neuen Dreier sind BBS und Schnitzer die Schnellsten auf dem Markt. BBS liefert dreiteilige RS-Räder im Kreuzspeichendesign 8JX17 mit 215/45 ZR17 und 235/40ZR17 für 1129 Mark. Wer mehr will, kann auch ein 360-Millimeter-Lenkrad im Kevlar-Design mit Ledergriffkranz bekommen. Die dreispeichige Version kostet 592 Mark, vier Speichen gibt‘s 627 Mark. AC Schnitzer gibt sich nicht lange nur mit Teilen zufrieden, sondern steigt schnell mit kompletten Autos ein.

AC Schnitzer

Der Tuner AC Schnitzer mit Standort Aachen wird 1987 von Willi Kohl und Herbert Schnitzer gegründet. Erster „Schnitzer“ ist 1987 der ACS7 auf Basis des BMW E32. Schnitzer hat sich auch als Rennteam einen guten Namen gemacht. Zu den ersten Tuningteilen für den E36 gehören dreiteilige Leichtmetallräder 17 Zoll mit 215/45 ZR 17-Bereifung vorne und 245/45 ZR17 hinten. Preis: 6850 Mark, die einteilige LM-Ausführung ist 2000 Mark billiger. Dazu gibt es kleinere Außenspiegel, elektrisch verstell- und beheizbar für 249 Mark. Und natürlich ein dreispeichiges Sportlenkrad mit Schnitzer-Logo.

AC Schnitzer ACS3 CLS auf Basis BMW M3 3.0

1991 steht auf der IAA in Frankfurt als Weltpremiere die Konzeptstudie AC Schnitzer ACS3 silhouette 3.0 auf Basis BMW M3 3.0. 1993 wird daraus ein Renntourenwagen mit Straßenzulassung namens ACS3 Sport CLS – eine Art geistiger Urahn des M3 CSL. Basis ist das M3-Coupé. Grundidee des AC Schnitzer ACS3 CLS ist die Optimierung des für die Fahrleistungen äußerst wichtigen Leistungsgewichts. Dafür setzt man nicht nur auf Leichtbau, sondern auch auf eine alltagstaugliche Leistungssteigerung des 2990 Kubikzentimeter großen

Tuning vom Werk: Original BMW M Technic

Die Bayern bieten Ende 1990 ihr Werkstuningprogramm „Original BMW M Technic“ an. Dazu gehört zum Beispiel das Aerodynamik-Paket mit Frontschürze, Seitenschweller und Heckschürze, die nicht einzeln zu haben sind. Laut Werbung hat die BMW Motorsport GmbH alle Teile unter Rennsportbedingungen erprobt. Neben sportlicherer Optik soll das Kit tatsächlich die Strömung der Luft optimieren und den Abtrieb erhöhen.

Zusätzlich wird zum Einbau Sportfahrwerkes geraten. Es ist auf die 3er-Reihe abgestimmt und soll die Straßenlage und den Fahrkomfort verbessern. Zum Umrüstsatz gehören Gasdruckstoßdämpfer, verstärkte Achsstabilisatoren und eine Tieferlegung um 15 Millimeter.

Das Interieur lässt sich durch ein Sportlenkrad und einen anderen Schaltknopf aufwerten. Das M Technic Sportlenkrad ist lederummantelt, besitzt Daumenprofilierung und weist einen kleineren Durchmesser auf als das Serienexemplar. Den Schaltknopf kann man mit beleuchtetem M-Technic-Emblem bekommen oder mit Lederbalg. Zur Wahl stehen diverse Embleme.

Ob Innenraum, Fahrwerk, Motor oder Karosserie: Die Aachener Tuning-Spezialisten bieten eine breite Palette an hochwertigen Zubehörteilen für den E36 an.

Sechszylinder-Vierventilers. Das Triebwerk wird dabei mit Sportnockenwellen, einer Hochleistungsauspuffanlage und einem neuen Motronic-Programm aufgerüstet. Arbeiten, die sich in einer Nennleistung von 320 PS bei 7000 Umdrehungen und in einem auf 340 Nm bei 3600 Touren angewachsenen maximalen Drehmoment niederschlagen.

Der ACS3 Sport CLS ist mit seinem stärkeren Motor und der Gewichtsersparnis von rund 160 Kilogramm ein alltagstauglicher Rennwagen für die Straße. Er schafft den Sprint in 5,5 Sekunden, die Vmax beträgt 276 km/h – was besonders die Gegner der Zwangsbegrenzung in Sachen Höchsttempo bei den Werks-M3 freut. Die guten Fahrleistungen sind auch das Ergebnis der Gewichtsdiät – es sind ja nur noch 1,3 Tonnen. Gebremst wird mit einer Hochleistungsbremsanlage mit gelochten Scheiben rundum. Für ein extrem sportliches Handling ist das Fahrwerk höhenverstellbar, mit dem der M3-Body bis zu 25 Millimeter tiefergelegt wird. Wie bei Schnitzer üblich haben die Ingenieure das Fahrwerk sowohl auf der Nordschleife des Nürburgrings als auch auf öffentlichen Straßen abgestimmt. Als Räder sind im Racing-Look schwarz lackierte Rennsportfelgen in den Größen 9,0J x 18 vorne und 10J x 18 hinten angeschraubt, bestückt mit Niederquerschnittsreifen der Dimensionen 235/40 R 18 und 285/30 R 18.

Für eine Verbesserung der Aerodynamik des Fahrzeugs spendiert Schnitzer einen neuen Frontspoiler mit Sicht-Kohlefaserlippe, einen Dachflügel zur Befestigung über der Heckscheibe sowie einen Heckflügel. Hinzu kommen kleine, windschlüpfrige Außenspiegel und eine sanft gerundete Heckschürze.

Innen werden besonders leichte, mit schwarzem Leder bezogene Rennsitze eingebaut. Die hintere Sitzbank ist raus-

Ein Renntourenwagen mit Straßenzulassung: Eine Gewichtsersparnis von rund 160 Kilogramm steht für ein kompromisslos perfektioniertes Leistungsgewicht.

Für die Alltagstauglichkeit sorgt das 2990 ccm große Sechszylinder-Vierventiltriebwerk mit seinen 320 PS bei 7000/min und einem maximalen Drehmoment von 340 Nm bei 3600 Touren.

geflogen, dort befindet sich nun eine leichte Teppichverkleidung. Der Fahrer kontrolliert den Boliden mit einem Wildledervolant und wird durch das digitale Display, das direkt aus der DTM stammt, über alle wichtigen Werte von Geschwindigkeit über Drehzahl bis zu Motortemperaturen informiert.

AC Schnitzer CLS II

Der CLS II von 1995 basiert zwar auf dem 1993 vorgestellten AC Schnitzer CLS (Coupé Leichtbau Silhouette), gilt aber als Neuentwicklung. Viele Komponenten des CLS II werden zuvor im Gruppe A M3 des AC Schnitzer-Rennteams unter extremen Bedingungen wie dem 24-Stunden-Rennen auf dem Nürburgring getestet.

Der CLS II verbindet Leichtbau (Kohlefaser-Kevlar) mit enormer Kraft und bestem Handling. Die Kombination aus progressiven Federn, die die M3-Karosserie um rund 35 Millimeter tiefer legt, und den sportlich abgestimmten Gasdruck-Stoßdämpfern verhelfen dem CLS II, zusammen mit den verstellbaren Stabilisatoren, zu einem rennmäßigen Handling, das trotzdem noch einen außerordentlichen Fahrkomfort bietet.

Um das Ziel maximale Leistung bei uneingeschränkter Alltagstauglichkeit zu erreichen, baut AC Schnitzer den Motor um. Die Modifikationen, die ein spezielles „AC Schnitzer Control Unit Programm", ausgewogene Pleuel, eine feingewuchtete Kurbelwelle sowie ein komplett neu gestaltetes Ansaugsystem mit großer Airbox einschließen, lassen die Kraft auf 350 PS bei einem Drehmoment von 355 Nm anwachsen. Damit sprintet der CLS II in 5,1 Sekunden von 0 – 100 km/h und erreicht eine Höchstgeschwindigkeit von 290 km/h.

Ein neu entwickelter Frontspoiler steht in direkter Verbindung mit einer glattflächig verkleideten Bodengruppe. Die geführte Luftströmung wird durch die Heckschürze mit integriertem Flügelprofil abgeleitet. Zusätzlich sorgt die Kombination von Dachheckflügel und Heckflügel für weiteren Abtrieb. Der Heckflügel, der elektrisch verstellbar ist, kann somit den jeweiligen Erfordernissen der verschiedenen Fahrsituationen individuell angepasst werden. Laut Windkanaltest von *sport auto* in Nr. 11/1997 wandeln diese Maßnahmen 40 Kilo Auftrieb in 11,3 Kilo Abtrieb an der Hinterachse um. Unter anderem deshalb siegt der CLS II beim „Tuner Grand Prix 1997".

Spezielle Motorelektronik, exakt ausgewogene Pleuel, eine feinstgewuchtete Kurbelwelle und ein neu gestaltetes Ansaugsystem mit großer Airbox: So gewappnet sprintet der CLS II mit 350 PS und 355 Nm Drehmoment in nur 5,1 Sekunden auf 100 km/h – Höchstgeschwindigkeit: 290 km/h.

AC Schnitzer ACS3 3.2 compact „10 Years Limited Edition"
Das runde Zehnjahres-Jubiläum 1997 feiert AC Schnitzer mit dem Sondermodell ACS3 3.2 compact „10 Years Limited Edition", das in einer Sonderserie von nur zehn Fahrzeugen in Handarbeit entsteht. Dieses Auto basiert auf dem 318ti compact und wird von einem 260 PS und 333 Nm starken Sechszylinder-Vierventil-Motor angetrieben. Mit einem Sprint von nur 5,6 Sekunden auf Tempo 100 und einer Höchstgeschwindigkeit von 258 km/h ist der AC Schnitzer ACS3 3.2 compact tatsächlich einer der schnellsten „Kleinwagen" der Welt.

Der Umbau auf das 3.2-Liter-Sechszylinder-Triebwerk (3152 Kubik) erfolgt mit Großserienteilen, um die richtige Qualität zu garantieren. Damit die Zahnräder halten, wird das Fünfgang-Schaltgetriebe aus dem Z3 M-Roadster montiert und für noch schnellere und präzisere Schaltvorgänge mit der „AC Schnitzer Short Shift Schaltwegverkürzung" komplettiert. Das serienmäßige 318ti compact-Hinterachsgetriebe weicht einem stärkeren und länger übersetzten Exemplar mit 25prozentiger Differentialsperre.

Einer der schnellsten „Kleinwagen" der Welt: In einer exklusiven, handgefertigten Sonderserie von 10 Fahrzeugen entsteht der ACS3 3.2 compact. Unter der Haube: ein 260 PS starker Sechszylinder-Vierventil-Motor. Topspeed: 258 km/h!

Die Hochleistungsbremsanlage wird mit größeren innenbelüfteten Bremsscheiben und speziellen Bremssätteln an der Vorderachse bestückt. Das Fahrwerk wird sportlich-komfortabel abgestimmt mit speziellen Stabilisatoren, speziellen Gasdruckstoßdämpfern und kürzeren, progressiven Federn, die für eine Karosserie-Tieferlegung um 35 Millimeter sorgen.

Um die Fahrstabilität gerade bei hohen Geschwindigkeiten zu verbessern, stattet AC Schnitzer den ACS3 3.2 compact mit einer besonderen Frontschürze samt großen Bremsluftkanälen, dreiteiligem Heckspoiler sowie einem Dachheckspoiler aus. Das sportliche Gesamtbild wird durch elegante Seitenschweller und die aerodynamisch geformten AC Schnitzer-Sportspiegel abgerundet. Designstreifen in Rot auf Karosserie und Felgen und das Logo „10 Years Limited Edition" kennzeichnen das Jubiläumsauto nach außen.

Innen wird der Super-compact nicht nur mit körpergerecht geformten Sportsitzen, Airbag-Sportlenkrad und Cockpitverkleidungen in Carbon veredelt, sondern auch mit einer Lederausstattung im sportlich-eleganten AC Schnitzer-Nadelstreifendesign mit roten Nähten. Schalthebelknopf, Pedalerie, Fußstütze und Handbremshebel bestehen aus Aluminium. Ein ebenfalls aus Aluminium gefertigtes Typenschild mit der Seriennummer des Sondermodells prangt auf der Mittelkonsole.

Nach C1 2.3 (E21), C2 2.5 und 2.7 (E30) sowie dem legendären B6 3.3 (auf M3-E30-Basis) folgt 1993 der B3 3.0, selbstverständlich im typischen Alpina Blau Metallic.

Alpina

„Ich habe einen ganz einfachen Geschmack, ich nehme immer nur das Beste", war das Lebensmotto von Burkard Bovensiepen – nach eigenen Angaben „angespornt von diesem Motto Oscar Wildes, beflügelt vom Willen und der Leidenschaft, aus etwas Gutem etwas besonders Individuelles zu machen." So startet er Anfang der 1960er Jahre in der ehemaligen Schreibmaschinenfabrik seines Vaters mit der Entwicklung einer leistungssteigernden Mehrvergaseranlage für den BMW 1500 namens „Alpina Anlage" als Tuner. Einsätze im Motorsport belegen erfolgreich die Zuverlässigkeit seiner Teile. Ende der 1970er zieht die Firma nach Buchloe um. 1983 wird Alpina vom Kraftfahrtbundesamt nun auch offiziell als Automobilhersteller registriert, der ausschließlich BMW-Modelle als Basis für Veredelungen nimmt. Im Jahr 2022 wird Alpina Teil von BMW, Burkard Bovensiepen stirbt im Oktober 2023.

Alpina B3 3.0
Natürlich widmet sich Alpina auch dem E36 und nimmt die Baureihe als Basis für seine neuen Kreationen. Zwischen 1993 und 1996 wird zum Beispiel der BMW Alpina B3 3.0 aufgebaut. Die Karosserie-Basis für den B3 3.0 bietet ein 325i. Der B3 3.0 ist das direkte Nachfolgemodell des Alpina-B6-2.8-Modells der E36-Baureihe, welches ebenfalls auf dem BMW 325i (allerdings mit dem Motor M50B25 und ohne VANOS bis zu den BMW-Werksferien August 1992 – anschließend mit VANOS) basiert. Der Motor mit 2997 Kubik leistet 247 PS bei 5700 Umdrehungen und 320 Nm bei 4400 Umdrehungen. Das Auto ist ausgesprochen erfolgreich mit 749 gebauten Exemplaren.

Alpina B3 3.2
Im Frühjahr 1996 folgt als Upgrade auf den B3 3.0 der B3 3.2, natürlich auf Basis des 328i. Sowohl beim 3.0 als auch beim 3.2 nutzt Alpina den robusten M50-(B25TÜ-)Grauguss-Motor, da sich der M52-Motor des 328i nicht für eine Hubraum-

Wer heute einen der raren Alpina-E36 besitzt, kann bei Alpina Classic eine Auslieferungsbescheinigung anfordern, um den originalen Auslieferungszustand u.a. mit Alpina Fahrgestell- und Produktionsnummer zu dokumentieren. Eine nötige Motorrevision kann in der Alpina Manufaktur durchgeführt werden.

erweiterung eignet. Beide Fahrzeugvarianten sind als Coupé und Limousine, Cabriolet und Touring erhältlich. Der 3.2 bietet 265 PS bei 5800 Umdrehungen und 330 Newtonmeter maximales Drehmoment. 342 Stück werden gebaut

Alpina B8 4.6

Der Alpina B8 4.6 wird von Januar 1995 bis November 1998 als Limousine, touring, Coupé und Cabriolet gebaut. Insgesamt entstehen im Produktionszeitraum 221 Stück: Coupé 78 Stück, Cabriolet 23 Stück, Limousine 93 Stück und touring 27 Stück. Hintergrund: Alpina will zum dreißigjährigen Firmenjubiläum zum B3 3.0 ein leistungsstärkeres 3er-Modell auf den Markt bringen, das es mit dem von BMW produzierten BMW M3 3.0 aufnehmen können soll. Die Entwickler und Konstrukteure entscheiden sich daher für einen V8-Motor. Alpina verwendet als Basis den BMW M60B40-Motor, der bereits im Alpina B10 4.0 E34 zum Einsatz gekommen ist. Der bereits bekannte Motor wird durch einige technische Modifikationen und eine Hubraumerweiterung um 0,6 Liter auf eine Leistung von 333 PS bei 5700 Umdrehungen gebracht. Er erreicht ein maximales Drehmoment von 470 Nm bei 3900 Umdrehungen. Der identische Motor wird zeitgleich auch im B10 E34 angeboten, erreicht dort jedoch dank besserer Wärmeableitung eine Leistung von 340 PS und ein Drehmoment von 480 Nm. Anders als beim B10 4.6, den es mit einem Fünfstufen-Automatikgetriebe gibt, ist der B8 4.6 mit einem von Getrag produzierten Sechsgang-Schaltgetriebe ausgestattet, das später mit identischen Übersetzungen auch bei BMW im M3 3.2 erscheint.

Alpina verbaut Fahrwerke, die aus Einrohr-Sport-Stoßdämpfern von Bilstein und Eibach-Federn (nur an der Vorderachse, hinten BMW-Serie) bestehen und die Karosserien gegenüber dem E36-Serienfahrwerk um etwa 20 Millimeter tiefer legen. Als elektronische Fahrhilfe steht ASC+T als Vorläufer des elektronischen Stabilitätsprogramms serienmäßig zur Verfügung. Dies wird sogar in Kombination mit einem Sperrdifferential angeboten. Durch die im Vergleich zum Reihensechszylinder kürzere Bauform des V8 liegt der Schwerpunkt weiter hinten, was positive Auswirkungen auf das Einlenkverhalten hat.

Mehr geht immer: Der 333 PS starke V8 im E36 erfordert zahlreiche – angeblich bis zu 42 – Anpassungsmaßnahmen im Karosseriebereich. Für den Motor selbst fertigt BMW eigene Blöcke, um die Hubraumvergrößerung auf 4,6 Liter zu ermöglichen.

Zur Vergrößerung der durch den V8-Motor eingeschränkten Reichweite und für eine bessere Traktion an der Hinterachse erhalten Coupé und Limousine einen zusätzlichen Tank mit 95 Liter Volumen. Bis auf eine geänderte Auspuffanlage erhält der B8, wie auch jedes andere Alpina-Modell, neben den typischen Alpina-Rädern nur einen Frontspoiler und bei Limousine und Coupé einen Heckflügel. Durch diese im Windkanal von BMW entwickelten Maßnahmen verringert sich der Luftwiderstandsbeiwert (c_W) im Vergleich zum M3 3.2 um 0,02 auf 0,30. Optional kann das Alpina-Deko-Set in Gold oder Silber bestellt werden.

Bis auf die Alpina-typische Plakette (versilbert und mit Produktionsnummer), einer erweiterten Tachoeinheit von VDO (mit Zusatzanzeigen für die Motoröl- und Hinterachsöltemperatur, Motoröldruck und Bordspannung), die es gegen Aufpreis gibt, Wurzelholz-Innenausstattung in Rüster-Maser, ein 385 Millimeter großes Sportlederlenkrad (original BMW SA255) und BMW-Sportsitzen bleibt die Innenausstattung unverändert. Für 3850 Mark Aufpreis sind auch Sportsitze von Recaro zu haben.

Der Alpina B8 4,6 kann es somit technisch und optisch nicht nur mit dem damaligen BMW M3 aufnehmen, er steigt durch seine exzellenten Fahrleistungen auch noch in die Klasse der Supersportwagen auf. Ein Hammer sind aber nicht nur die Autos, sondern auch die Preise: Mit einem Grundpreis von 122.000 Mark (Limousine), 125.000 Mark (Coupé), 129.000 Mark (touring) und 139.000 Mark (Cabrio) gehört der B8 damals mit zu den teuersten Autos seiner Klasse und ist mehr als 35.000 Mark teurer als der von der BMW M GmbH produzierte E36 M3.

Baur

Die Firma Baur wird im Jahr 1910 im Stuttgarter Stadtteil Berg gegründet und bleibt bis zur Insolvenz Ende 1998 in Familienbesitz. Baur ist, zugegebenermaßen, kein Tuner, sondern ein Karosseriebauer. Bekannt wird Baur besonders durch Umbauten von BMW-Fahrzeugen. Auch der BMW-02-Baureihe haben sich die Stuttgarter angenommen. Die erste Dreier-Reihe (E21) werden sogar für den offiziellen Verkauf durch BMW-Händler produziert. Die folgenden drei Generationen der 3er-Reihe baut Baur ebenfalls nachträglich zum so genannten Topcabriolet (Baur TC) um.

Baur TC4

Der Baur TC4 heißt intern E36/4Cab und ist ein viertüriges Halb-Cabriolet auf Basis der E36-Limousine. An dieser Karosserieform scheiden sich die Geister schon immer ein wenig. Bei den Baur-Umbauten bleiben – im Gegensatz zu den ab 1985 parallel angebotenen Werkscabriolets von BMW – die Fensterrahmen erhalten, es existiert ein Überrollbügel. Über dem Fahrer- und Beifahrersitz befindet sich ein stabiles Dachelement, das platzsparend in einer Halterung im Kofferraum verstaut werden kann. Der hintere Teil des Daches ist beim E36 ein klassisches Faltverdeck mit Glasscheibe, bei den Vorgängern E21/TC1 und E30/TC2 besteht sie noch aus Kunststoff. Das zweigeteilte Dach des Baur TC ermöglicht mehrere Varianten des offenen Fahrens, unter anderem mit herausnehmbarem Dach oder als Landaulet.

Für die Dachkonstruktion wird das Auto in eine aufwändige Rahmenlehre montiert und dann das originale Dach an den

Die meisten TC4 werden, wie hier, vom 316i umgebaut. Insgesamt entstehen 166 316i-TC4, ...

A-Säulen oben, an den B-Säulen mittig und an den C-Säulen unten entfernt. Auch die originale Hutablage wird durch eine Baur-Konstruktion ersetzt, diese ragt etwa zehn Zentimeter tiefer nach unten in den Kofferraum hinein. Dadurch baut das geöffnete Verdeck nicht so hoch. Als Dach fungiert ein Stoffverdeck mit Glasheckscheibe, das dank Verbindung beider B-Säulen auch mittig befestigt werden kann und somit einer Limousine mit großem Schiebedach ähnelt. Baur-Werbespruch dazu: „So nützlich wie möglich und so offen wie nötig ...“

Bei einigen Fahrzeugen entstehen allerdings durch einen Fehler in der Fertigung Risse im Blech, das die B-Säulen verbindet und den Drehknopf für den Targa-Deckel enthält. Gegen Ende der Fertigung werden die ersten Fahrzeuge mit diesen Problemen bei Baur reklamiert und aufwändig repariert.

Bis zum Konkurs der Firma Ende 1998 werden zwischen November 1992 und November 1996 nur 310 durchnummerierte Fahrzeuge an Kunden ausgeliefert. Umbauten gibt es besonders von den Modellen 316i und 318i. Die meisten TC4 werden in den Farben Diamantschwarzmetallic, Mauritiusblaumetallic und Brillantrot ausgeliefert. Bei den Innenausstattungen dominieren Stoff Anthrazit und Stoff Silbergrau, beim Leder Bison Schwarz. Sonst ist die Innenausstattung identisch mit denen der normalen E36-Limousine.

... während auf Basis von 318is, 318tds und 318td nur jeweils ein TC4 gefertigt wird.

Tuning-Sünde oder Kultumbau – über Geschmack lässt sich nicht streiten

Wer seinen E36 individualisieren möchte, schaut zunächst beim Hersteller in den Katalog. Die Münchner haben nach dem E30 das Zubehörprogramm für die neue 3er Generation kräftig ausgebaut, auch das Angebot von sportlichen Aluminiumfelgen unterschiedlichster Dimensionen ist deutlich erweitert worden.

Aber selbstverständlich versuchen sich auch viele andere Anbieter von Zubehörteilen und kleinere, aber keineswegs unbekannte Tuner am E36. Das Design deren Felgen, Anbauteilen und Karosserieumbausätzen reicht dabei von „zeitlos schön" über „außergewöhnlich" bis hin zu „polarisierend". Im Folgenden präsentieren wir eine bunte Auswahl aus dem zeitgenössischen Angebot für den E36, von A wie AEZ bis Z wie Zender.

AEZ Felgen

AEZ Leichtmetallräder – heute Teil der Alcar Wheels GmbH aus dem österreichischen Hirtenberg – fängt gerade an, sich auf dem Markt für Zubehörfelgen zu etablieren, als der E36 in seinen letzten Produktionsabschnitt geht: Zum Ende der Neunziger findet sich im Programm dieses 15-Zoll-Alurad. Eine gewisse Ähnlichkeit zur fünfspeichigen BMW-Felge M-System II, Styling 21 (M3 E36-Limousine), ist nicht von der Hand zu weisen.

Hamann GmbH

Das Hamann Motorsport Individualprogramm kann so ziemlich jeden Tuning-Wunsch erfüllen: Angefangen bei Frontspoilerlippen über STW-Look Wide Body Performance-Kits bis hin zu Sportspiegeln im M3-Look sowie 15-, 17- und 18-zöllige Aluräder. Die Tuning-Schmiede aus der zweitgrößten Stadt im Landkreis Biberach kann aber auch leistungssteigernde Maßnahmen umsetzen wie beispielsweise Kennfeldoptimierungen. Das ist übrigens auch heute noch eine der Kernkompetenzen von Hamann für neuere BMW-Modelle.

H&R

Neben Alurädern sind Fahrwerk-Kits sehr gefragt. Zwar loben alle Presseberichte das E36-Serienfahrwerk, aber tiefer geht immer. Das wissen auch die Firmengründer Werner Heine und Heinrich Remmen, die sich bereits 1980 mit der Vision „Performancesteigerung durch Tieferlegung von Straßenautos“ selbstständig machen. Und der Erfolg gibt ihnen Recht.

Hartge

Zu den Spezialisten für BMW gehört definitiv die Firma Hartge. Ihre Kreationen sind gern gesehene Testobjekte diverser Fachmagazine wie *auto motor und sport* oder *sport auto*. Neben Sportauspuffanlagen, diversen Interieur- und Exterieur-Teilen sowie Fahrwerksteile und Räder, bieten die Tuning-Schmiede aus Beckingen mit dem Hartge H3 Biturbo ein 272 PS starken 3,0-Liter-E36 an. Die Höchstgeschwindigkeit von 260 km/h sieht man der äußerlich eher schlichten Karosse gar nicht an. Leider muss die Firma 2019 geschlossen werden …

Kerscher Tuning GmbH

Der sehr individuelle Stil für den neuen 3er: Bei der Firma Kerscher Tuning aus dem bayerischen Falkenberg gibt es einen DTM-Karosseriebausatz aus Polyurethan, der – ganz legal – ohne Spachteln montiert werden kann. Optisch kommt das extreme Kit allerdings weniger der DTM-Optik nahe als eher dem GTR. Die Firma bietet sogar heute noch Teile für den E36 an, sowohl für die Großserien-E36 als auch für die M-Modelle.

Melkus

Die Mauer ist weg: Ab 1990 rollen die West-Autos auch in die neuen Bundesländer. BMW Melkus – dieser Name ist eng mit der DDR-Motorsportgeschichte verknüpft – bietet ab 1992 ebenfalls einen Umbausatz für den E36 an.

Kelleners Sport

Die Namen Helmut und Sohn Ralf Kelleners sind eng mit BMW und Rennsport verbunden. Diese Expertise prägt auch ihr Zubehörprogramm für den E36. So gibt es beispielsweise einen 210 PS starken 323ti compact E36. Markant sind auch die Doppel-K Felgen (8,5J x 17") auf dem hier gezeigten Cabrio. Unvergessen die E36 Limousine beim Ampelduell im Film Manta, Manta, der diese Aluräder dem Publikum präsentiert.

MK-Motorsport

Wie immer mit sportlich-elegantem Styling und begeisternder Fahrwerks- und Rädertechnik präsentiert die Krankenberg GmbH aus Ötigheim ihr Programm für den E36: Bei MK-Motorsport – letztes siegreiche Privatteam in der DTM – steht Rennsporttechnik klar an erster Stelle. Höhenverstellbares Fahrwerk in Kombination mit verstärkten Stabilisatoren und Domstreben sowie verstärkte Bremsanlage inklusive Stahlflex-Bremsleitungen sind perfekt auf den M3 abgestimmt. Das MK-2 Rad hat vorn die Dimension 8,5J x 18", für die Hinterachse sind 10 Zoll breite Alus vorgesehen. Auch bei MK-Motorsport gibt es übrigens eine Eskalationsstufe für den compact: Ein 195 PS starker Vierzylinder mit Zwangsbeatmung mittels Turbolader sitzt unter der Haube des „Kleinen mit dem großen Bums", wie die Werbeabteilung damals textet.

MSDesign

Aus der Leidenschaft zur Autoveredlung und Individualisierung entsteht die Idee für MS Design. Unternehmensgründer Manfred Santer (verstorben 2013) übernimmt 1986 im österreichischen Umhausen eine leerstehende, ehemalige Skifabrik und startet dort mit der Produktion von GFK-Teilen. Diese werden auch für den E36 angeboten, wie Front-und Heckschürze sowie verbreiterte Seitenschweller. Heute ist das international agierende Unternehmen zu Hause in Roppen in Tirol.

Racing Dynamics Deutschland e.K.

Racing Dynamics Deutschland mit Sitz in Aachen bietet nicht nur dezente Karosserieteile und sehr elegante 5-Stern-Felgen an. Eine ihrer Spezialitäten ist Motortuning: Neben speziellen Pleuel und Kolben, Spezialkurbelwellen und Motorabdeckungen aus Sicht-Karbon, wird für den E36 auch der Motor-Umbau R55 Hurricane V12 offeriert. Dabei handelt es sich um den 5,5 Liter großen „Zwölfender" aus München mit der Bezeichnung M70.

Schmidt Technik

Schmidt Technik aus Gau-Algesheim ist früh dran mit einer Eintrag-Zulassung für Felgen der Größe 8,5 x 17 Zoll mit ET15 (siehe Foto). Schmidt Technik bietet sie ab 1992 an und präsentiert sie im Folgejahr stolz auf der Essen Motor Show. Der Preis beträgt 495 DM pro Felge – das 1980-DM-Paket steht dem touring ausgezeichnet.

Zender

Das Programm von Zender in jener Zeit ist breit gefächert. Die Spezialisten aus Mülheim-Kärlich bei Koblenz setzen neben Audi, VW und Alfa auch auf den sportlichen Bayern. Die angebotenen Front- und Heckspoiler sind durchaus dezent und dank exakter Passgenauigkeit der hochwertigen Materialien ist eine problemlose Montage möglich. Die Aluminiumräder (Typ „Stern") im Format 7,5J x 17" tragen Breitreifen bis zur Größe 235/45-17. Ebenfalls im Angebot ist der Federn-Satz für eine Tieferlegung von 30 mm.

CHAMPIONS AUS TRADITION.
FINA
WARSTEINER
BBS
RECARO
BILSTEIN
YOKOHAMA
SIMTEK
BAUMLER
men's fashion
FINA FIRST OIL
MICHELIN

5 DER E36 IM MOTORSPORT

Pure Renntechnik, aber der Erfolg bleibt 1993 aus: Linder hat sogar eine Art Kohlefaser-Monocoque gebaut, um die Steifigkeit zu erhöhen. Die Hinterachse hat keine Federbeine mehr, sondern liegende Stoßdämpfer im Kofferraum, ähnlich wie in einem Formelwagen.

Die erfolgreiche Motorsporttradition von BMW mit Werkseinsätzen geht zurück bis ins Jahr 1940, als die Bayern die Mille Miglia gewinnen. Seitdem ist BMW und der Wettbewerb auf der Piste nicht mehr zu trennen.

In den 1970er Jahren wird in der Herstellerwertung viermal die Tourenwagen-Europameisterschaft gewonnen, 1978 mit Harald Ertl und der Schnitzer-Truppe aus Freilassing die Deutsche Rennsportmeisterschaft. 1982 steigt BMW als Motorenlieferant in die Formel 1 ein: Am 23. Januar starten Nelson Piquet und Riccardo Patrese beim Saisonauftakt in Kyalami auf Brabham BMW zum ersten Einsatz aus der ersten Reihe. Danach sind wieder die sportlichen Tourenwagen dran.

Der M3 der Baureihe E30 ist dafür das ideale Arbeitsgerät: Er ist so erfolgreich, dass den meisten Konkurrenten die Kosten zu hoch sind, um mitzuhalten. Der kompakte Zweitürer stellt für BMW die erste konsequente Parallelentwicklung von Serie und Motorsport dar: Die Straßenversion – sie muss zur Anerkennung als Tourenwagen innerhalb eines Jahres in 5000 Exemplaren verfügbar sein – ist von Anfang an renntauglich konzipiert und dem Reglement der Gruppe A förmlich auf den Leib geschneidert. Das Ergebnis ist für BMW triumphal. Vom Start weg räumt der schneeweiße Renner in den BMW Motorsport-Farben Siege, Trophäen und Titel ab: 1987 sichert der Belgier Eric van de Poele gleich im ersten Einsatzjahr die Deutsche Tourenwagenmeisterschaft für die Münchner. Im selben Jahr gewinnt der Italiener Roberto Ravaglia mit dem M3 die Tourenwagen-Weltmeisterschaft – der übrigens erste und einzige Welttitel, der bis dahin in dieser Fahrzeugkategorie vergeben wird. Erst zur Saison 2005 wird mit der World Touring Car Championship (WTCC) wieder eine echte WM ausgeschrieben. Titelgewinner im Premierenjahr ist der Brite Andy Priaulx auf dem 320i E46, vor Markenkollege Dirk Müller.

National kommt die Deutsche Tourenwagenmeisterschaft (DTM) in ihrem siebten Jahr mit der Saison 1990 so richtig in Schwung und avanciert in Deutschland – neben der Formel 1 – zur beliebtesten Rennserie, die vermehrt auch im Ausland Beachtung findet. Grund genug für die Organisatoren, Reglement und Ausrichtung der Meisterschaft zu überarbeiten. Mit Blick auf die für die antretenden Werke so wichtigen internationalen Märkte werden die Fahrzeuge ab 1993 entsprechend dem neuen, sehr freizügigen Klasse-1-Reglement weiter aufgerüstet. Sehr zur Freude der Ingenieure, die sich jetzt allerdings einen insbesondere finanziell ruinösen Wettbewerb liefern. Angesichts von immensen Kosten, einem reiseintensiven Terminplan, der Rennstrecken in aller Welt vorsieht, wo teils vor leeren Tribünen gefahren wird, und am Ende mit nur zwei Herstellern kollabiert die ambitionierte Serie: Nach der zweiten Saison ist Ende 1996 Schluss und die inzwischen in ITC umbenannte DTM verschwindet bis Anfang des neuen Jahrtausends in der sportlichen Versenkung.

Fahrerkarussell: Aufgrund der Perfomance-Schwäche und der Probleme des WS-E36 Class 1 geben sich 1994 die DTM-Urgesteine Harald Becker und Georg Severich sowie Talent Rüdiger Schmitt und Karsten Molitor die Klinke bzw. das Lenkrad in die Hand.

Dem BMW M3 machen die Änderungen im Tourenwagen-Reglement Anfang der 1990er Jahre – besonders neue Hubraumbeschränkungen – das Leben schwer. Der neue M3 E36 passt 1993 nicht ins Reglement. Außerdem kann die Konkurrenz von Mercedes und Alfa auf kompakte V6-Triebwerke zurückgreifen, während unter der Haube des M3 der geniale, aber für einen tiefen Schwerpunkt unpraktische Reihensechszylinder auf Basis des M50B25 unter der Haube sitzt. Und die Organisatoren der DTM sind nicht bereit, BMW mit bestimmten Ausnahmeregelungen entgegenzukommen.

In der DTM gibt es zunächst nur ein privates E36-Projekt: Das Team Linder Rennsport tritt 1988 wieder in dem populären Championat an, nachdem man 1984 und 1985 mit wenig Erfolg erst in der Deutschen Produktionswagen Meisterschaft, dann in der DTM mitgefahren ist und danach pausiert, dieses Mal unter dem Namen BMW M Team Linder. Zwei Siege durch Altfrid Heger beim Flugplatzrennen von Mainz-Finthen sind die besten Ergebnisse nach dem Wiedereinstieg in die Serie. Nach dem das Werksprojekt E36 Class I nach Anweisung der Münchner Zentrale gestoppt wird und BMW sich werkseitig im Winter 1992 aus der DTM zurückzieht, baut „Luggi" Linder, wie in seinen Anfangsjahren, wieder in Eigenarbeit einen Tourenwagen auf Basis des BMW E36, jedoch ohne nennenswerten Erfolg. Obwohl das Auto mit 390 PS nicht das Schwächste im Feld ist, belegt das Linder-Team in der Teamwertung nur den 14. Platz.

In der Saison darauf bleibt der Linder-E36 der DTM aber zunächst erhalten. Ein alter Bekannter in der DTM-Szene bereichert darüber hinaus beim Saisonstart in Zolder das Feld der Hightech-Boliden mit zwei weiteren E36-Klasse 1: Teamchef und Technik-Freak Udo Wagenhäuser pflegt seit Anfang der 1980er Jahre nicht nur sehr gute Kontakte zu BMW, sondern betreut im Privatteam von Günther Murmann ab 1990 die legendären Diebels-M3. Später legt Privatpilot Kurt König die Betreuung seines DTM-E30 in die bewährten Hände des geborenen Franken, der zu jener Zeit außerdem noch in der Formel Opel und Formel 3 unterwegs ist. Hier entstehen auch Kontakte zu DHL, den Wagenhäuser als Hauptsponsor für sein DTM-Projekt gewinnen kann. Leider kämpfen das Projekt und das kleine Team von 10 bis 12 Mann von Anfang an mit einem eskalierenden Zeitplan und mit zu wenig Test- und Entwicklungszeit. Wie sich der Teamchef viele Jahre später in einem Interview mit dem „Curbs Magazin – Das Magazin für historischen Motorsport" erinnert: „Ich bin nachmittags immer ins Auto gesprungen, in zweieinhalb Stunden von München nach Würzburg gerast, hab' dann bis nachts um zwei gearbeitet." Dazu kommt noch Rennpech wie eine abgerissene Kardanwelle, die den Boden durchschlägt und den Piloten am Bein trifft, der daraufhin den Motor überdreht. Oder in Hockenheim, wo sich ein Schild des Seriensponsor „Bäumler" am Frontspoiler löst, den Lufteinlass des Kühlers blockiert und für eine rapide ansteigende Öltemperatur mit anschließendem Triebwerkschaden sorgt. Apropos Motor: Hier setzt Wagenhäuser – anders als Konkurrent Linder – auf den S14-Reihenvierzylinder, der bei den Freiburger Spezialisten von Randlinger Motorenbau vorbereitet wird.

Kleiner Heckflügel, aber bereits einen großen Frontspoiler: Das Meisterauto von Johnny Cecotto aus der Saison 1994. Hier ist der 318i unterwegs auf dem Red-Bull-Ring bei einer Veranstaltung im Jahr 2024.

Das Ergebnis des Teams ist mit sechs Zielankünften und Null Punkten derart niederschmetternd, dass die Einsicht reift, sich zum Saisonende aus der DTM zurückzuziehen. Wagenhäuser betreibt heute übrigens den Valentina Bootservice in Konstanz am Bodensee, wo er mit High-Performance-RIBs handelt.

Ende des Jahres 1994 steigt aber auch Linder endgültig aus der DTM aus und 1995 in den Super-Tourenwagen-Cup ein, dieses Mal allerdings mit dem Honda Accord.

Parallel zur Klasse 1 hebt die FIA quasi als Gegenstück das Klasse-2-Reglement aus der Taufe. Hier können die späteren Supertourenwagen mit weitgehender Serientechnik und einem Zweiliter-Motor, der nicht höher als 8500/min drehen darf, starten. Diese Klasse wird in vielen Ländern ausgeschrieben, so dass das jeweilige Fahrzeug auf diversen Märkten eingesetzt werden kann. In Deutschland entsteht so 1994 der Super Tourenwagen Cup (STW). Die Zweiliter-Rennfahrzeuge der Klasse 2 nähern sich zumindest äußerlich wieder deutlich den Serienautos – gut für Hersteller wie BMW und Audi, die zuvor aus der DTM ausgestiegen sind. Wie für alle Hersteller, so hat es auch für BMW seinen wirtschaftlichen Reiz, dafür nur ein Fahrzeug zu entwickeln, das dann als Kundensportgerät an Privatteams für den Einsatz bei nationalen Meisterschaften in aller Welt verkauft werden kann.

Der E36 in der Klasse 2

Nachdem die DTM ab 1993 mit dem High-Tech-Reglement der Klasse 1 technisch neu ausgerichtet wird, wechselt BMW Motorsport den Fokus im Tourenwagensport auf die Fahrzeuge des Klasse-2-Reglements mit zwei Litern Hubraum. Optisch durch die praktisch unveränderte „schmale" Karosserie auf den ersten Blick eher unscheinbar, zeugt der BMW E36 STW technisch von bester Ingenieursleistung. Beginnend mit dem BMW 318i (Motor S14/7 aus dem M3 E30 mit etwa 275 PS) und ab 1995 mit dem Modell BMW 320i (Motor S42, circa 310 PS), ist BMW von 1994 bis 1998 ganz vorne mit dabei.

Rennsport im Maßstab 1:10: Die japanische Kultfirma Tamiya bringt einen ferngesteuerten STW-E36 auf die Modellautorennstrecken dieser Welt. Entgegen dem Werbetext hat das Original natürlich keinen Turbo und auch mehr als zwei Türen …

On Fire: Routinier Steve Soper gibt 1996 alles, muss sich aber hier beim Lauf auf dem Flugplatzkurs in Zweibrücken Laurent Aiello auf Peugeot 406 geschlagen geben.

1994 heißt die erste Ausgabe des Super Tourenwagen Cups „ADAC Tourenwagen Cup", ausgerichtet nach dem internationalen FIA-Klasse-2-Reglement für Zweiliter-Fahrzeuge. Acht Läufe stehen im Rennkalender. BMW beteiligt sich bei diesem Wettbewerb mit drei Werksteams und den Spitzenpiloten Johnny Cecotto, Alexander Burgstaller, Yolanda Surer und Altfrid Heger. Schon beim dritten Lauf in Zolder gewinnt Cecotto auf 318i, ebenso die Läufe 6 (Salzburgring), 7 (Spa-Francorchamps) und 8 (Nürburgring). Damit holt sich Cecotto auf Anhieb die Fahrer-Meisterschaft. Heger wird Vierter, Burgstaller Neunter und Surer Zweiundzwanzigste.

1995 sichert sich Joachim Winkelhock die Meisterschaft, ebenfalls auf 318i. 1996 verlieren die Münchner gegen den Erzrivalen aus Ingolstadt. Der neue Technikpartner McLaren in Woking bekommt im Frühjahr den radikal überarbeiteten E36 mit einer mehr auf Abtrieb ausgelegten Aerodynamik – ein Konzept, das zwar für die BTCC mit den eher langsamen und winkligen Kursen funktioniert, im deutschen STW-Cup aber eher nachteilige Effekte hat. Ergebnis ist der Vizetitel dank eines fahrerisch gereiften Steve Soper. Die Saison 1997 ist geprägt vom Duell gegen den neuen Konkurrenten aus Frankreich: Die Peugeot-Truppe mit Laurant Aiello gewinnt in ihrem die Premieren-Jahr die deutlich härter gewordene Meisterschaft. Die Wende kommt erst 1998, als Johnny Cecotto – von Bigazzi zu Schnitzer gewechselt – auf dem 320i mit drei Punkten Vorsprung Aiello auf Platz zwei verweist.

Nicht nur die Fahrweise ist über die Jahre härter geworden, der Kampf um die kleinsten Optimierungen hält die Techniker auf Trapp. Leistungstechnisch im Vergleich zum Vorgänger BMW M3 E30 unterlegen, liegt die Stärke der STW-Fahrzeuge im Handling und der Kurvenlage. Ein sequenzielles Sechsgang-Getriebe, eine gute Tonne Gewicht, kein ABS, anfangs keine

Knapp vorbei: Als amtierender Meister in der Japanischen Tourenwagenmeisterschaft fährt der Brite Steve Soper mit seinen 43 Jahren noch um den Titel im STW-Cup 1996 mit, verliert aber gegen Audi und muss sich mit dem zweiten Platz im Gesamtklassement begnügen.

Äußerlich seriennah, unter der Haube High-Tech: Insgesamt rund 40 Meter eingeschweißte Stahlrohre versteifen den Wagen zusätzlich, die Stoßdämpferdome verraten die aufwändige Fahrwerkstechnik.

Das italienische Team Bigazzi bringt für die Saison 1997 zwei E36 an den Start. Neben Cecotto greift auch Joachim Winkelhock ins Lenkrad. Dessen Spitzname „Smoking Joe“ stammt aus der BTCC – weil er einen heißen Reifen fährt und Kettenraucher ist.

Mehr Leistung: Die STW-E36 knacken 1997 erstmals die 300-PS-Grenze. Sehr zur Freude der Fahrer, wie hier Johnny Cecotto.

Alles eine Frage des Geldes: Das Team Isert setzt 1998 zwei Wagen ein, mit den Fahrern Prinz Leopold von Bayern und Christian Menzel. Der Preis eines Klasse-2-Einsatzwagens liegt bei 500.000 – 700.000 Mark, da hilft ein großer Sponsor auf jeden Fall …

Servolenkung und nur 210 Millimeter breite 19-Zoll-Reifen, dafür aber bis zu sechs Grad Sturz und eine von Formel-Fahrzeugen inspirierte Fahrwerkstechnik bilden die technischen Eckdaten.

Und besonders die Detailarbeit ist bei Schnitzer in besten Händen, die den inzwischen sechs Jahre alten STW-E36 für 1998 akribisch vorbereiten. Nach der Rückkehr nach Deutschland überlassen die Profis aus Freilassing nichts dem Zufall. Erstmals kommt eine Servolenkung zum Einsatz – technischer Clou: Sie lässt sich über eine Wippe am Lenkrad ein- und ausschalten. Somit hat der Pilot in Passagen, in denen die Lenkunterstützung nicht benötigt (Geraden, schnelle Kurven), zwei PS mehr Leistung. Neue, von den Erfahrungswerten im GT-Sport geprägte Fahrwerkstechnik verbessert nachhaltig das Handling durch eine optimierte Balance. Und immer wieder Feinarbeit: Der Scheibenwischermotor wandert zugunsten des Fahrzeugschwerpunkts in den Beifahrerfußraum, da wo eine sehr kleine Bordbatterie und das Motorsteuergerät sitzen.

Doch die guten Ergebnisse und auch das E36-Verbesserungspotenzial für 1999 kann das Werk nicht umstimmen, nach dem letzten Rennen 1998 aus dem STW-Cup auszusteigen – trotz Meistertitel. Erklärte Zielsetzung lautet, sich voll und ganz auf das F1-Engagement konzentrieren zu wollen. Und auf das Projekt Le Mans: Beim Langstreckenklassiker ist Schnitzer als Einsatzteam geplant und wird die Erwartungen auch nicht enttäuschen. Der BMW V12 LMR gewinnt 1999 den 67e Grand Prix d'Endurance les 24 Heures du Mans.

Team-Work in der letzten STW-Saison für BMW: Die Motoren kommen aus dem Werk, um die Weiterentwicklung des Fahrzeugs und die Einsätze kümmert sich das Schnitzer-Team. Mit Erfolg: Der Venezolaner Johnny Cecotto wird mit drei Punkten Vorsprung STW-Meister 1998.

Der 318is Class II kann ab April 1994 zum Grundpreis von 48.800 DM gekauft werden. Die Farbauswahl ist auf Cosmosschwarz, Alaskablau, Dakargelb, Bostongrün, Alpinweiß und, wie hier abgebildet, Hellrot begrenzt.

Das Sondermodell Class II

Auch der normale BMW-Kunde profitiert vom Einstieg von BMW in den Tourenwagensport. Und zwar in Form der Sonderserie 318is/4 Class II sowie das Avus-Paket für die Coupé-Versionen 318is/2 und 325/2.

Ersteres ist die Homologationsserie für die Teilnahme am ADAC Tourenwagen Cup. Vom viertürigen 318iS Class II entstehen 2500 Exemplare in vier Monaten. 1500 Stück davon sind für den deutschen Markt reserviert (tatsächlich sollen aber 1600 Stück hier verkauft worden sein). Preis inklusive 15 Prozent Mehrwertsteuer: 48.800 Mark. Dafür gibt es auf Basis der 318i-Limousine den Vierventil-Vierzylinder (M42) mit 140 PS aus dem Coupé, was für 213 km/h Spitze und den Sprint in 10,2 Sekunden reicht. Serienmäßig besitzt dieses Auto neben ABS und Airbag für den Fahrer zudem das M-Aerodynamikpaket mit angepasstem Frontspoiler, Seitenschweller und einen neuen Heckflügel. Die Kappen der Außenspiegel und die Griffleiste für die Gepäckraumklappe sind in Wagenfarbe lackiert. Außen weisen „BMW Motorsport International"-Logos in den seitlichen Stoßleisten sowie Rundspeichen-Leichtmetallräder der Dimension 7Jx16 mit 225/50 2R 16-Reifen auf den Motorsport hin, ein M-Sportfahrwerk legt die Karosserie tiefer. Innen gibt es Sportsitze mit neuer Stoff-Kombination, eine spezielle Plakette oberhalb des Handschuhkastens sowie ein Sportlenkrad mit Lederkranz, Leder an Schaltknopf und Handbremsgriff.

Das Sondermodell „Avus Edition S766A" für die Coupés 318iS und 325i verfügt ebenfalls über die seitlich an den Stoßleisten der Fahrer und Beifahrertür und an der Handschuhfachleiste angebrachten Embleme „BMW Motorsport International" wie das limitierte Sondermodell Class II sowie über die Serienausstattung ab Werk wie Frontscheibe mit Grünkeil, Nebelscheinwerfer, beheizte Außenspiegel und Scheibenwaschdüsen.

Als Sonderausstattung gibt es das M-Sportfahrwerk mit Tieferlegung, zweiteilige Leichtmetallräder „M Kreuzspeiche"

Das Sportlenkrad mit Lederkranz ist im Class II ebenso wie die Sportsitze und Lederapplikationen an Schalthebel und Handbremsengriff serienmäßig.

(Styling 29, weitmaschig) geschraubt mit Schmiedestern 7,5Jx17 sowie die Bereifung 235/40 ZR 17 (Reserverad Stahl 7Jx15 mit Reifen 205/60). Das Exterieur glänzt durch das M-Aerodynamikpaket (Front-/Heckschürze, Seitenschweller), polierte Auspuffendrohre mit Chromblenden, Türgriffe mit „BMW Motorsport"-Einprägung, Seitenstoßleiste mit BMW-Motorsport-International-Logo, beheiztem Außenspiegel inklusive Fahrertürschloss und Scheibenwaschdüsen, Nebelscheinwerfer beim 318is sowie Lackierungen in Alpinweiß, Hellrot, Cosmosschwarz-metallic, Alaskablau-metallic, Bostongrün-metallic und Dakargelb.

Innen sind Sportsitze montiert, der Dachhimmel ist schwarz inklusive A-/C-Säule und Kantenschutz. Gut in den Händen liegt das Sport-Lederlenkrad II mit Airbag, Schaltbalg und Handbremsgriff/-balg in Leder schwarz, zudem sind Einstiegsleisten mit BMW Motorsport International-Logo und eine Plakette an der Blende über Handschuhkasten mit BMW Motorsport International-Logo vorhanden. Leider ist nicht bekannt, wie viele der Sondermodelle „Avus Edition" insgesamt gebaut werden.

Genie-Streich für die Mission ADAC GT Cup: Paul „Nockenpaule" Rosche hat den GTR als Gegenentwurf zum 911 RSR kreiert. Allerdings sind solch skurrile Einzelstück auch das Ende dieser Rennserie nach nur zwei Saisons …

Der GTR

Nachdem der M3 im April 1993 beim ersten Rennen um die Deutsche Tourenwagenmeisterschaft aufgrund von Unstimmigkeiten über das neue Reglement nicht starten kann, ändert BMW die Strategie und baut stattdessen einen BMW M3 GTR im auffälligen Startflaggen-Design für den sogenannten „Warsteiner-ADAC GT Cup" auf. Der Sechszylinder leistet 325 PS, das Auto wiegt entsprechend dem Reglement 1300 Kilo. Mit Johnny Cecotto (Fina BMW M-Team Warthofer) und Kris Nissen (BMW M-Team Isert) hat BMW eine schlagkräftige Fahrerpaarung am Start. Ebenso starten unter anderem der Münchner Alexander Burgstaller und Ringkönigin Sabine Schmitz in je einem M3.

Cecotto entscheidet die Meisterschaft am Ende der Saison dank sechs Siege bei acht Läufen mit 130 Punkten für sich. Nissen wird Zweiter mit 105 Punkten. Damit allerdings ist das Rennsport-Kapitel für den M3 GTR in Deutschland vorerst zu Ende: Änderungen in den Reglements lassen dem potenten Dreier keine reellen Siegchancen mehr. Der ADAC GT Cup wird letztlich nur zwei Jahre lang ausgetragen, bevor er fast 20 Jahre später zu Saisonbeginn 2012 als ADAC GT Masters eine Fortsetzung erfährt.

Ende der 1990er Jahre posiert Hans-Joachim Stuck vor dem M3 GTR, wahrscheinlich zu Promotion-Zwecken der 1999 ins Leben gerufenen American Le Mans Series. Die genaue Entstehungsgeschichte zum Foto ist unklar: BMW gibt als Aufnahmejahr 1995 – vier Jahre vor dem Startschuss der ALMS, in der Stuck von 1999–2001 aktiv war, allerdings im E46 M3 …

Wer spart gewinnt: Um einem Wettrüsten Einhalt zu gebieten und für eine gewisse Chancengleichheit zu sorgen, legt der ADAC im Reglement einen Verbrauch von 40 Litern pro 100 Kilometer fest.

Der GTR tritt danach noch in den USA an: In der IMSA bestreitet er unter anderem die 24 Stunden von Daytona. Das von Tom Milner gegründete PTG-Team (Prototype Technology Group) mit Sitz in Virginia wird 1995 von BMW North America beauftragt, die Entwicklung und Vorbereitung der E36 M3-Plattform für den IMSA GT-Wettbewerb voranzutreiben. PTG führt die daraus resultierenden 400 PS starken Rennwagen 1996 zu Hersteller- und Team-IMSA-GTS-2-Titeln, gefolgt von Hersteller-, Team- und Fahrertiteln im GTS-3 in den Jahren 1997 und 1998. Insgesamt sieben E36-Fahrgestelle werden von PTG vorbereitet und eingesetzt, darunter vier als Zweitürer und drei als Viertürer.

Der Künstler Sandro Chia über das 13. Art Car: Das Automobil ist ein begehrter Gegenstand der Gesellschaft. Dadurch ist das Auto vielen Blicken ausgesetzt. Dieses Auto hier reflektiert diese Blicke.

1992 gestaltet übrigens der Künstler Sandro Chia, Vertreter der postmodernen Transavantgarde, einen Renntourenwagen-Prototyp des M3 GTR als dreizehntes Exemplar der BMW Art Car-Serie. Es gibt Quellen, die behaupten, dass es sich dabei um den E36-Class I-Prototyp handelt, den BMW für das neue Klasse-1-Reglement der DTM gefertigt hat und der nun als teuer entwickeltes Unikat der Kunst dient.

Der E36 in weiteren Meisterschaften

Zwischen 1993 und 1998 sichert der 320i BMW 29 internationale Meistertitel, inklusive der japanischen und der Asien-Pazifik-Meisterschaft. Besonders in der BTTC, der britischen Supertourenwagen-Serie, sorgt das Reglement „Formel 2000“ für spannende Rennen. Es ist ursprünglich dafür ausgelegt,

Ein Highlight in den Heiligen Hallen: Im Showroom von Schnitzer Motorsport in Freilassing steht der Meisterwagen, mit dem Publikumsliebling „Smoking Jo“ 1994 die Titelverteidigung auf der Insel in Angriff nimmt.

Joachim Winkelhock hat in der Saison 1996 keine Chance in der BTCC: In der Endabrechnung reichen vier Siege nur für Platz 5, …

… einen Punkt vor Team-Kollegen Roberto Ravaglia, der nur den 15. Lauf in Silverstone im Rahmen des Formel-1-Rennens für sich entscheiden kann.

1996 ist die Geburtsstunde des Eifelblitz: Team-Chef Scheid bittet Sabine Schmitz mit den Worten „Denk dir mal was aus", den weißen Wagen zu verschönern. Als talentierte Zeichnerin hat sie die Burg auf die Seite gezeichnet, und der Name ist geboren.

auch andere Hersteller als die vorher überlegenen BMW mit dem M3 E30 und Ford mit dem Sierra RS 500 Cosworth dafür zu begeistern. 1992 startet BMW mit den 318i Coupés mit alten M3-E30-Motoren, was immerhin 280 PS verspricht. Ab 1993 sind nach dem festgelegten Klasse-2-Reglement nur noch Viertürer erlaubt, BMW ist mit einem 318iS dabei. Mit so einem Modell wird Joachim Winkelhock im werksunterstützten Schnitzer-Team Meister.

Auch in der „VLN Langstreckenmeisterschaft Nürburgring" ist das Modell erfolgreich, und zwar im Jahr 1994. In diesem Jahr erhalten die GT- und DTM-Fahrzeuge keine Startberechtigung mehr für das berühmte 24-Stunden-Rennen, weshalb überwiegend Privatfahrer mit Fahrzeugen der Gruppe A und Gruppe N starten und nur insgesamt 142 Teams mitmachen. Auch der Andrang des Publikums bleibt weit hinter den Erwartungen zurück. Aufgrund stürmischen Regens müssen trotzdem Zuschauerbereiche zeit- und teilweise geräumt werden, nachdem im Bereich Hatzenbach Bäume umgestürzt sind – das Rennen wird für insgesamt zweieinhalb Stunden unterbrochen.

BMW ist der einzige Hersteller, der mit Werksteams antritt – und zwar mit gleich drei M3 E36 als direkter Nachfolger des viermaligen Seriensiegers BMW M3 E30 von 1989 bis 1992. Deren Reihen-Sechszylindermotoren mit drei Litern Hubraum leisten 286 bis 295 PS. Der Einsatz gerät allerdings zum Fiasko: Prinz Leopold von Bayern wirft mit einem spektakulären Überschlag den bis dahin führenden M3 aus dem Rennen. Karl Senne setzt in der Nacht den zweiten Wagen in die Leitplanken.

Damit kommt erstmals der Gruppe-N-Serientourenwagen von Karl-Heinz Wlazik/Frank Katthöfer/Fred Rosterg in die Führungsposition. Nach 14 Stunden bleibt auch der dritte Werkswagen liegen – Motorschaden.

Aber auch nach dem wetterbedingten Neustart lässt sich der private eingesetzte M3 nicht von der Spitze verdrängen. Nach 24 Stunden überquert Karl-Heinz Wlazik als Gesamtsieger die Ziellinie. Unter den besten sechs Fahrzeugen der Gesamtwertung sind weitere fünf BMW aufgeführt, lediglich unterbrochen vom zweitplatzierten Opel Astra. Der Sieger-M3 absolviert genau 106 Runden, was einer Strecke von 2688,05 Kilometern entspricht. Von den 142 gestarteten Fahrzeugen werden letztlich 101 gewertet.

Und es sollte nicht der einzige Erfolg beim Langstreckenklassiker durch die grüne Hölle sein: Zwei Jahre später trägt sich Ringkönigin Sabine Schmitz (zu dieser Zeit verheiratete Reck) als erste Frau in die Siegerliste ein, im Team von Johannes Scheid aus dem benachbarten Kottenborn, der einen nach Gruppe N-Reglement aufgebauten BMW M3 E36 3,2 Liter an den Start bringt. Zusammen mit Peter Zakowski (Sohn des Tuning-Urgesteins Erich Zakowski, Gründer des legendären Zakspeed-Teams aus Niederzissen) und Hans-Jürgen Tiemann wiederholt das Dreamteam 1997 das Kunststück und sichert sich Gesamtsieg Nummer zwei.

Für Johannes Scheid war 1997 der speziellere Sieg, wie er in einem Interview anlässlich des 50-jährigen Jubiläums des 24-Stunden-Rennens und einer Ehrung seiner Motorsport-

Auch im Jahr darauf sichert sich der Eifelblitz den Sieg: Der Auftakt zum 25. Int. ADAC 24-Stunden-Rennen gestaltet sich mit einem schweren Unfall bereits im ersten Training aber alles andere als einfach …

leistung durch BMW M Customer Racing verrät: „Da hatten wir schon nach der ersten Trainingsrunde beinahe einen Totalschaden. Wir haben das Wrack zu uns in die Werkstatt gebracht und alles bis auf den Motor komplett ausgebaut. Bei uns sah es aus wie auf einem Schlachtfeld. Dann haben wir es wieder mit neuen Teilen zusammengesetzt und vermessen, allerdings die komplette Front weggelassen. So ging es dann bei einem Kollegen auf die Richtbank. Dort haben wir es dann fertig zusammengesetzt und standen beim zweiten Training wieder an der Strecke bereit. Ich bin eine Checkrunde gefahren und habe gehört, dass irgendwas klappert. Es stellte sich heraus, dass es ein Teil am Dreieckslenker war. Peter Zakowski war damals auch als Fahrer auf dem Auto dabei. Der hatte eine Dreherei. Also haben wir einen seiner Kollegen nachts aus der Disco geholt, der uns das Teil nachmachen sollte. Leider konnten wir das Material nicht genau bestimmen, also haben wir am Ende einfach das Serienteil aus Gummi genommen. Das ging auch. Wir konnten also ins Rennen starten, waren aber gegen die VWs damals eigentlich unterlegen – zumal dann auch noch unser ABS ausfiel. Wir hatten im Regen aber bei der Reifenwahl das bessere Händchen, mussten weniger Boxenstopps machen und haben auf diese Weise gewonnen."

Das Gespann Scheidt/Reck feiert in der Saison 1998 zudem mit dem Gruppe-N-E36 den Gesamtsieg in der VLN (Veranstaltergemeinschaft Langstreckenpokal Nürburgring)-Meisterschaft – die legendäre Ring-Taxi-Pilotin ist damit die erste Frau, die sich den Meistertitel in der Langstreckenserie sichert.

Zusammen mit Hans Widmann werden Johannes Scheid und seinem Team Scheid Motorsport bereits 1994 und 1995 die Meisterehren in der VLN zuteil, mit einem M3 E36. Überhaupt erweist sich der E36 als perfektes Sportgerät für die Langstreckenmeisterschaft auf der altehrwürdigen Nordschleife. So sichert sich 2002 Mario Merten mit einem 148 PS starken 318iS – eingesetzt vom Team Bonk Motorsport in der Klasse V2 – den Meistertitel. Zwei Jahre später erringen Arnd Meier – ein ehemaliger Pilot aus der amerikanischen Champ-Car Serie – und René Wolff den Titel und zwar mit einem 318iS compact des Teams SAX Racing. Den letzten Titel für den E36 in diesem ganz speziellen Championat fahren Mario Merten und Wolf Sylvester im Jahre 2006 ein, auf einem 318is des Teams Bonk Motorsport.

Apropos VLN: Diese Rennserie heißt aktuell NLS (Nürburgring-Langstrecken-Serie) und generiert durch ihre aktuell 18 Klassen eine technische Bandbreite wie sie sonst in keinem anderen Meisterschaftsformat zu finden ist. Die Zuschauer können sich über die große Vielfalt der eingesetzten Fahrzeuge und Konzepte freuen. Aufgrund des ausgeklügelten Punktesystems, das sich an der Starterzahl der jeweiligen Klasse orientiert und auch Streichergebnisse ermöglicht, kommt der Meister in erster Linie aus den unteren Leistungsklassen. Technisch bietet das Regelwerk teilweise große Freiheiten, die von den Teams dankbar ausgenutzt werden. Die leistungsstärksten Fahrzeuge im Feld finden sich unter anderem in der Klasse SP6 – hier startet auch jahrelang einer der Publikumslieblinge: Der M3 E36 von Tobias Hagenmeyer und Michael Bäder feiert in der Saison 2002 neun Gesamtsiege in neun Läufen. In der Endabrechnung unterliegen sie Markenkollegen Mario Merten aus der kleineren V2-Klasse mit seinem 318is aber mit einem Punkt.

Mit 400 PS im Tiefflug durch den Schwalbenschanz: Der M3 von Bäder/Hagenmeyer (hier beim 25. DMV-Grenzlandrennen, dem 6. Saisonlauf 2002) tritt in der SP6 an. Mit einem Leergewicht von 1200 kg ergibt sich ein Leistungsgewicht von 3 kg/PS.

VLN-BFGoodrich Langstreckenmeisterschaft Nürburgring 2005: Das Team Airnergy Motorsport GmbH bringt in der Klasse SP5 einen BMW M3 mit Guido Bierther und Christoph Breunig an den Start.

Überlegener Überraschungssieger: 1998 gewinnt erstmals ein Diesel das 24h-Rennen durch die Grüne Hölle – mit sechs Runden Vorsprung vor dem BMW 320i von Georg Severich, Ulrich Richter, Uwe Schirrmeister und Karl Wlazik. „Nur" Platz drei für den bestplatzierten M3, u.a. mit Rennsportlegende Harald Grohs am Steuer.

Ein E36-Diesel als 24h-Sieger

Sogar ein Diesel-befeuerter E36 schreibt Geschichte – auch wenn es BMW laut dem Protagonisten gar nicht recht ist. Denn ein Exemplar mit Zweiliter-Diesel gewinnt 1998 überlegen die 24 Stunden vom Nürburgring – eingesetzt von Wilhelm Hahne und nach seinen Erinnerungen gegen den Willen von BMW. Denn der Rennsieg entspricht nicht den Marketing-Vorgaben: Ein Diesel darf zwar die Konkurrenz düpieren, aber nicht die eigenen M3. Was er aber tut mit einem Vorsprung von rund 150 Kilometern oder sechs Runden. Laut Hahne ist BMW das alles so peinlich, dass das Siegerfahrzeug jahrelang im Schaufenster des Nürburger BMW-Testcenters (Sitz des Warthofer Teams) verstaubt.

Zur Geschichte: Wilhelm Hahne will unbedingt mit einem Diesel starten. BMW hat unter dem Radar die fertige Konstruktion eines Zweiliter-Dieselmotors angekauft, nachdem der Vorstandsvorsitzende, Eberhard von Kuenheim, den Wert eines solchen Motors für den Einsatz in BMW-Automobilen erkannte. So einen Vierzylinder will Hahne nutzen – nicht den vorher bekannten Sechszylinder-Selbstzünder, bei dem er Schwächen ausgemacht hat. Allerdings: Nicht mehr Wilhelm Hahne soll den Aufbau des Diesel-Renntourenwagens in eigener Regie vornehmen, sondern das Testcenter und das BMW-Rennteam in Nürburg. Motorsport-Chef Karl-Heinz Kalbfell hat die Idee, ein in England stehendes ehemaliges DTM-Fahrzeug als Basis nutzen.

Hahne geht sofort zum Chef der Test-Werkstatt und des Rennteams, Günther Warthofer. Der will von dem gesamten Vorhaben zunächst nichts wissen, denn er hat genug mit der Abwicklung des Testbetriebs und dem Einsatz eines M3 mit Johnny Cecotto in einer Belgischen Meisterschaft zu tun. Hahne bearbeitet ihn, bis Warthofer zusagt, mit einer Einschränkung: „Ich will nichts mit dem Renneinsatz eines Diesel-Rennwagens zu tun haben! Ich will doch nicht mit dreckigen, stinkenden Diesel-Fingern herumlaufen!" Hahne will das Projekt nicht teuer machen, deshalb werden zum Beispiel Titanschrauben vermieden. Dafür greift man ins „Märklin"-Regal, wie er sich erinnert: „Weil im Basis-Fahrzeug, das ehemals in der DTM eingesetzt war, ein mechanisches ABS zum Einsatz kam – ein elektronisches war laut Reglement verboten! Da waren dann wirklich „Märklin"-Teile verbaut!"

Besonders beeindruckend erweist sich das Drehmoment des 320d von rund 400 Nm im nutzbaren Drehzahlbereich zwischen 2500 und 5000 Umdrehungen, das sich besonders an den vielen Steigungen positiv bemerkbar macht. Der Rest sind 250 PS, maximal eben jene 5000 Umdrehungen (im Vergleich zum Hochdrehzahlkonzept von 10.000/min beim M3). Der gesamte Ventiltrieb ist beim BMW-Renndiesel fast serienmäßig geblieben, wenn man von materialmäßig „besseren" Auslassventilen absieht. Auch die Geometrie des Serien-Kurbeltriebs bleibt erhalten. Die Kolben sind modifizierte Serienteile. Weil der Wärmehaushalt und die Schmierung eines Rennmotors

Statt des Sechszylinders aus dem 325tds setzt Wilhelm Hahne auf einen neu entwickelten 2-Liter-Vierzylinder. Der sorgt für eine Höchstleistung von 136 PS und ein maximales Drehmoment von 280 Nm bei 1750 min^{-1}.

wichtig sind, hat der BMW-Diesel-Rennmotor nicht nur eine Trockensumpfschmierung, sondern eine zusätzliche Ölpumpe. Und es gibt einen Öl-Wasser-Kühler, der im Zusammenhang mit einem größeren Wärmetauscher die Kühlmitteltemperatur unter 100 Grad Celsius halten kann.

Wichtig sind die Eingriffe ins Einspritzsystem und die Aufladung. Hier gibt es bei der für die auch in Serie verwendete Radialkolben-Einspritzpumpe VP 44 von Bosch eine geänderte Nockenerhebungskurve und Einspritzdüsen, die das eingespritzte Kraftstoffvolumen vergrößern. Außerdem wird durch einen größeren Turbolader – mit variabler Geometrie – der Ladedruck erhöht, mit einem größeren Ladeluftkühler hält man den eingespritzten Dieseltreibstoff energiereich.

Und so gewinnt der 320d im Jahr 1998 als erster und einziger Dieselrennwagen die 24 Stunden vom Nürburgring mit Marc Duez, Peter Zakowski, Christian Menzel und Hans-Joachim Stuck am Steuer.

6 DER E36 HEUTE

Dieser 328i Individual befindet sich seit 1999 bei seinem Besitzer, der ihn vor allem für Urlaubsfahrten einsetzt.

Wenn man aufmerksam Auto fährt oder durch deutsche Straßen schlendert, entdeckt man noch erstaunlich viele E36 – sei es im Alltagsbetrieb oder als Liebhaberfahrzeug mit H-Nummer.

In den meisten Fällen weiß der Besitzer, dass er ein rollendes Kulturgut bewegt. Das gilt selbst für die zuweilen etwas in Verruf geratene „Drifter-Szene", die aber ihre Sportgeräte weniger auf öffentlichen Straßen bewegen. Laut Kraftfahrt-Bundesamt sind Anfang 2023 noch 71.379 Exemplare plus 1310 M3 in Deutschland angemeldet. Überraschend: Das seltenste überlebende Modell ist der 316g compact mit nur 14 Stück, gefolgt vom 318tds compact (43 Stück), dicht gefolgt vom M3 GT mit 44 Stück. Am meisten trifft man noch den 316i compact mit weit mehr als 10.000 überlebenden Exemplare.

Die E36-Szene

Fragt man Mitglieder des offiziellen BMW-Clubs namens „BMW 3er Club E36/E46 e.V.", warum sie ausgerechnet dieses Modell in ihren Bann zieht, hört man nahezu 1000 Gründe. Der Vorstandvorsitzende Joachim Fiebig zum Beispiel bestellt 1992 blind einen E36 318i als Firmenwagen: „Ich war ich überrascht von der Qualität und der Freundlichkeit des BMW-Betriebes, wo das Fahrzeug gewartet wurde. So etwas kannte ich nicht aus der Vergangenheit. Und dann gab es wirklich Freude am Fahren, erlebt mit dem Fahrzeug auf der Autobahn und Landstraße. Das Resultat: 1997 ein neues Cabrio bestellt, 1999 verkauft, dann wieder ein neues Cabrio bestellt, ein 328i Individual. Das ist noch heute in meinem Besitz, und ich lebe meine Leidenschaft für dieses zeitlos elegante Fahrzeug mit einem wunderbaren Motor immer wieder auf Urlaubsfahrten voll aus. Aus ‚Freude am Fahren' wird dann ein ‚Freude am Erfahren'." Heute besitzt Fiebig zusätzlich noch einen compact und einen der raren M3 GT.

Mitglied Ralph sagt: „Der E36 bedeutet für mich Freude am Fahren pur, ist zeitlos elegant und passt einfach immer und überall." Reiner wird konkreter: „Der E36 war im Vergleich zum Vorgänger E30 ein Quantensprung mit seinem modernen, aerodynamischen Karosserie-Design. Im Innenraum wurde die Fahrerorientierung des Cockpits und das Bedienungskonzept im Vergleich zum Vorgänger sehr schön weiterentwickelt und im Vergleich zu meinen aktuellen Autos wirkt das immer noch adrett. Besonders hervorzuheben sind die Sechszylindermotoren, bezüglich Laufruhe und Leistungsentfaltung machen diese Antriebe immer noch Spaß. Ein besonderes Highlight für mich sind die Fahreigenschaften meines M3, der fährt heute nach wie vor wie auf Schienen. Als der 1996 überarbeitet kam, konnte man mit diesem elegant und unaufdringlich wirkenden Auto bezüglich Fahrdynamik manche Fahrer exklusiver Sportwagen zur Verblüffung bringen."

Falk erinnert sich: „Der E36 war mein Einstieg in die BMW-Welt. An ihm fasziniert mich das zeitlose Design, welches auch heute noch nicht veraltet aussieht – gerade auch

Insgesamt verteilen sich die Überlebenden-Zahlen auf folgende Modelle:

Modell	Aufbau	PS	Stückzahl
316			
316i	Limousine	100, 102	5791
316i	Coupé	102	2174
316i	compact	102	10.460
316g	compact	102	14
316i	touring	1021	411
318			
318i	Limousine	113, 115	4913
318i	Cabriolet	115	8889
318i	touring	115	1680
318is	Coupè 140	1795	
318is	Limousine	140	139
318ti	compact	140	1811
318tds	Limousine	90	47
318tds	touring	90	51
318tds	compact	90	43
320			
320i	Limousine	150	3795
320i	Coupé	150	3048
320i	Cabriolet	150	8508
320i	touring	150	1632
323			
323i	Limousine	170	780
323i	Coupé	170	1020
323i	touring	170	830
323ti	compact	170	2589
325			
325i	Limousine	192	733
325i	Coupé	192	1020
325i	Cabriolet	192	2139
325td	Limousine	115	74
325tds	Limousine	143	65
325tds	touring	143	59
328			
328i	Limousine	193	816
328i	Coupé	193	1530
328i	touring	193	616
328i	Cabriolet	193	4392
M3			
M3	Coupé	286, 321	706
M3	Limousine	321	117
M3	Cabriolet	286, 321	443
M3 GT	Coupé	295	44

Quelle: Kraftfahrt-Bundesamt

im Vergleich zu den Designs vieler anderen Marken in den 90er." Christoph ist noch heute hin und weg von seinem roten 325i von 5/91: „Er hat praktische vier Türen, sechs Zylinder, 192 PS, ist schon seit 1992 bei mir, hat mich noch nie im Stich gelassen und ein H-Kennzeichen. Ich habe ihn immer gehegt und gepflegt und er dankt es mit jugendlichem Aussehen. Mittlerweile gibt es auch ‚Daumen hoch' am Wegesrand – ich gebe ihn niemals mehr her."

Gregor erinnert sich genau, wie die Liebe begann: „Ich habe 1986 meinen Führerschein bekommen und begann mit einem

Christoph schätzt und pflegt seinen roten 325i auch heute noch wie am ersten Tag.

Ralph zählt zu den Vorzügen seines E36, neben purer Fahrfreude, vor allem seine zeitlose Eleganz.

VW Polo. Als der E36 rauskam, fuhr ich dann schon Golf II und hatte mir die ersten Breitreifen drauf gemacht – wie sich herausstellte von der Firma Technocast aus Italien, die für BMW die ‚Styling 10' herstellten. Ich fuhr also Golf II mit Styling 10. Der E36 fiel mir damals in Straßenbild durch die schöne gestreckte Linie, die Sicken im Seitenbild und den wunderbaren Ton des Sechszylinders auf. Ein herrlicher Kontrast zur damals vorherrschenden Formensprache bei Audi: Glatte Flächen und Spaltmaß Null für minimalen c_W-Wert. Der E36 war für mich allerdings unerschwinglich. Er blieb erstmal ein Sehnsuchtsauto. Er geriet über die Jahre aus dem Blickfeld und ich fuhr ‚Vernunftautos' aus dem VW-Konzern. Meinen E36 328i Cabrio kaufte ich dann 2005, als so ein Modell schon lange nicht mehr unerreichbar war. Seine leichte Keilform mag ich auch heute noch sehr, es ist kein Rost vorhanden. Es gibt nichts Schöneres, als auf einer Fahrt nach Südtirol das Dach in Reutte aufzumachen und bis Meran nicht mehr zu schließen. Am Stilfser Joch gibt es ab Kehre 30 keine Übersichtsprobleme nach oben: Einfach in den freien Himmel schauen, Zwischengas, zweiter Gang und herausbeschleunigen. Der E36 hat robuste und leicht zu durchschauende Technik. Die Teile sind nicht billig, aber selbst handwerklich begabte Autolaien können unter Anleitung am E36 viel selbst schrauben. Sitze, Türpappen, Scheinwerfer, Polieren, kleinere Elektroarbeiten und selbst der Tausch der

Für Gregor gibt es nichts Schöneres als die Fahrt nach Südtirol im 328i mit offenem Dach. Bevor dieses sich in Reutte öffnet, wird im Gasthof Adler in Pfronten noch eingekehrt.

Rastbolzen am Getriebe sind für mich in Eigenregie möglich. Alles das hat dazu geführt, dass die ‚Diva', meine Frau und ich unzertrennlich wurden. Zum 25. Geburtstag wird das Cabrio eine Hohlraumversiegelung bekommen. Für die nächsten 25! Und wenn die Autohersteller mal vergessen haben sollten, was ein Sechszylinder ist, kommen sie vielleicht zu uns und fragen, ob sie mal eine Runde fahren dürfen."

Winfried fasziniert unter anderem „das Fahrverhalten, das heutigen Autos in nichts nachsteht, eine gelungene Mischung aus Komfort und Sportlichkeit, der seidenweich laufende kraftvolle 6-Zylinder-Motor, der trotz ordentlicher Leistung recht sparsam ist und die Alltagstauglichkeit."

Anna ist begeistert von der zeitlosen Eleganz und der Unvergleichbarkeit ihre 325i Cabrios: „Bullige Front, schnittiges Heck und offen einfach ein Traum!" Und Michael liebt „das Gefühl, beim Fahren nach kurzer Zeit mit dem Auto zu verschmelzen. Er passt wie ein Handschuh. Die Sitzposition, die Übersichtlichkeit, die Erreichbarkeit der Bedienelemente, der Blick auf die Straße – alles ist auf das Fahrerlebnis abgestimmt, nichts lenkt ab. Dazu kommt ein auch für die heutige Zeit wunderbar abgestimmtes, agiles Fahrverhalten sowie leistungsstarke Motoren."

„Der E36 ist ein Maßanzug, der knapp, aber perfekt sitzt" hört man genauso wie „er hält mich jung", „weckt Emotionen mir" und, ganz bodenständig, „das Auto geht einfach nicht auf den Sack". Das gilt sogar für den compact, der immer ein bisschen stiefmütterlich behandelt worden ist, „der ist zweifellos am wenigsten elegant, aber wenn man drinsitzt, ist das völlig egal." Ein E36 weckt keinen Neid, ist mechanisch unauffällig, wirkt optisch weder fett noch protzig – alles gute Gründe, sich mit Oldtimerinteresse einem E36 zuzuwenden.

Winfrieds 325i-Coupé in Sterlingsilber-Metallic wurde 1993 mit optionalem M-Sportfahrwerk ausgeliefert.

Michael schätzt an seinem Cabrio vor allem sein agiles Fahrverhalten.

Der Unterbodenschutz sollte regelmäßig auf Ablösungen kontrolliert werden.

Die Schwachstellen des E36

Gut gepflegte E36 gelten heute über alle Karosserieformen und Motorisierungen als unprätentiös, langlebig und zuverlässig. Das ist nicht immer so: Eine Fachzeitschrift fragt 1991 ihre Leser, was ihnen am neuen Dreier nicht gefällt. Titel des Ergebnisses: „Keine Freude am Fahren" – 19,4 Prozent der Leser haben Ärger mit dem Schiebedach, 17,2 Prozent sind genervt von Windgeräuschen, 13,7 Prozent stören Geräusche von der Bremse, 11,9 Prozent bemerken Probleme mit Türdichtungen. Bei manchen Besitzern wackeln die Sitze, es gibt Klappergeräusche aus dem Armaturenbrett und Ölverlust aus den Innereien. Oft genannt wird ein schlechter Geradeauslauf, eine ungenaue Benzinuhr, eine kaputte Zentralverriegelung, und diverse Besitzer müssen sogar einen Totalausfall der Elektrik konstatieren. Einigen Eignern eines 325i ist das Motorgeräusch zu laut.

Insgesamt bemängeln 43,6 Prozent die Innenausstattung, sogar 53,7 Prozent wünschen sich rundum eine bessere Qualität. Das ist umso verwunderlicher, als ein Jahr vorher der Vorgänger (E30) als eines der zuverlässigsten Autos gekürt wird. Zwei Drittel der Befragten würden wieder einen BMW kaufen – beim E36 sind es nur noch gut die Hälfte. 13,7 Prozent wollen nie wieder einen Dreier kaufen, 32,6 Prozent nur noch „vielleicht".

Allerdings reagiert BMW sofort auf die Kritik. Werkstätten reparieren den verklemmten Benzingeber im Tank, der 325i erhält im Oktober 1991 ein Geräuschisolierungspaket. Gegen Ölverlust wird eine Dichtung zwischen Kurbelgehäuse und Steuergehäuse-Abdeckung verbessert, gegen schlechten Geradeauslauf hilft ein Werkstattbesuch, wo Lenkführungslager und Stabilisatorbefestigungen geändert werden und die Spur neu eingestellt wird. In Sachen Schiebedach wird die Deckelverklebung verbessert und die Übersetzung der Öffnungsmechanik verändert, die Zentralverriegelung erhält geänderte Türschließkeile. Neue Bremsbeläge lassen die Geräusche verschwinden, neu befestigte Batteriekabel sorgen für zuverlässige Elektrik. Gegen Klappern im Innenraum wird der Handschuhfachdeckel verstärkt. Die Windgeräusche nehmen ab durch Änderungen am Außenspiegel, am Spalt zwischen Scheinwerfer und Motorhaube, an der Belüftung der Elektrikbox und am Ziergitter für den Lufteintritt vorne. Gegen Sitzwackeln hilft die Spieleinengung bei den Sitzschienen und der Lehnenverstellung. Die Türdichtungen bekommen zunächst eine andere Flanscheinstellung, später wird die Dichtung geändert.

1991 findet auch die Testredaktion der *mot* nicht alles perfekt am 325i: Positiv werden die hervorragenden Fahrleistungen vermerkt, ebenso die sichere Straßenlage, der befriedigende

Und auch die Fensterhebermotoren und Gleitschienen sollten immer wieder geschmiert werden.

Gerade beim touring rostet die Heckklappe gerne im Bereich rund um Schloss und Emblem.

Abrollkomfort und dass ABS und Servolenkung serienmäßig dabei ist. Als Kontra aber monieren sie hohe Windgeräusche, mangelnde Scheibenwischer, einen zu kurz übersetzten fünften Gang, den engen Rücksitzraum, die schlechte Übersicht nach hinten, das kleine Handschuhfach sowie dass sich die Hupe nicht in der Lenkradmitte befindet und dass der Geradeauslauf durch Spurrillen beeinträchtigt wird.

Heute gibt es erstaunlich viele Angebote des E36 auf dem Markt – bei Redaktionsende dieses Buches zum Beispiel bei *mobile.de* rund 100 Stück. Limousinen und touring-Modelle gelten als Gebrauchtwagen im Sinne von „gut gebraucht/verbraucht", weswegen sie heute generell viel seltener zu haben sind als Cabrio und Coupé. Und so sind wirklich gut erhaltene auch nicht für kleines Geld zu bekommen. Viele Exemplare sind von ihren Vorbesitzern gerne auch mehr oder weniger fachmännisch getunt worden, was beim Kauf durchaus zu beachten ist. So manche „Bastelbude" kann später teuer werden.

Größter Feind alter Autos ist der Rost – so auch beim E36. Gefährdet sind besonders Schweller und Wagenheberaufnahmen, die vorderen Kotflügel unten am Übergang zum Schweller, der Bereich der Aufnahme der hinteren Stoßfänger und der Radlauf der hinteren Kotflügel. Ursache dort: meistens Breitreifen.

Das Heckblech unterhalb der Heckklappe rostet häufig genau in der Mitte. Das liegt daran, dass dort werksseitig die Kofferraumdichtung zusammengeklebt ist. Wird sie erneuert, ist die Chance hoch, dass der Lack dabei leidet. Bei Regen läuft das Wasser genau an dieser Stelle dorthin. Auch der Kofferraumdeckel benötigt eine Inspektion, ebenso die Reserveradmulde. Der Batteriekasten anfällig, weil er nicht entlüftet wird und sich dort gerne Wasser sammelt.

Die Scheinwerfer neigen zum Blindwerden, können aber selbst gereinigt werden. Am besten mit einem Brillenputztuch für die Reflektoren und Lauge mit Geschirrspülmittel für die Streuscheiben.

Die Motoren des E36 gelten als langlebig – wenn sie gut behandelt werden. Der M40-Vierzylinder im 316i und 318i hat drei typische Schwachstellen. Erstens: der Zahnriemen. Der muss regelmäßig erneuert werden. Da der Motor kein Freiläufer ist, sind bei Riss des Riemens schwere Schäden zu erwarten. Spätere Baujahre haben das Problem nicht, da die M43-Motoren mit einer Steuerkette ausgerüstet sind. Zweitens: Defekte Schläuche unter der Ansaugbrücke (Benzinvorlaufleitung) oder beschädigte Dichtungen der Einspritzventile sorgen für Benzingeruch im Innenraum, meist beim Kaltstart. Drittens: eine eingelaufene Nockenwelle, was durch zu wenige Ölwechsel oder mangelnde Wartung passieren kann. Meistens liegt es an einem verstopften Ölrohr, das die Nockenwelle mit Schmierstoff versorgt. Ein Hinweis auf Probleme ist, wenn der Motor seine maximale Motorendrehzahl nicht erreicht. Der M43 fällt manchmal durch Ölverlust aufgrund von Undichtigkeit des Kettenkastens auf. Übrigens: Beim M3 gilt der S50B30-Motor mit Einfach-VANOS als haltbarster Sechszylinder der M3-Baureihe.

Aber gerade die VANOS-Einheit gilt beim E36 heute als häufige Fehlerquelle, denn ab Laufleistungen ab ca. 100.000 Kilometern neigen die Systeme zum Ausfall. Grund dafür sind in der Regel verschlissene innere Dichtungen. Symptome dafür sind Leistungsmangel, besonders im unteren Drehzahlbereich, und ein ungleichmäßiger Leistungsverlauf. Auch ein unruhiger Leerlauf und ein unsauberes Anfahrverhalten können auf dieses Problem hinweisen.

Technische Verbesserungen wurden seitens BMW nie angeboten, lediglich der Austausch der defekten Verstelleinheiten gegen neue war möglich. Im Aftermarket haben sich dann Reparaturlösungen mit verbesserten Dichtringen zu akzeptablen Kosten etabliert.

Die Bremsen sind unauffällig, wenn die Rad-Reifenkombinationen stimmen, ebenfalls macht die Abgasanlage selten Probleme. Schwammiges Fahrverhalten und/oder Bremsflattern können an verschlissenen Gummilagern der Vorderachse liegen. An der Hinterachse verschleißen die Stützlager oben an den Dämpfern, dies zeigt sich durch Klappern auf unebenen Straßen. Auch die Längslenkerlager der Hinterachse sind verschleißfreudig und müssen mit der Zeit erneuert werden. Dies zeigt sich durch Seitenwind-Empfindlichkeit und Geräusche auf schlechtem Untergrund. Gute Nachricht: Auf dem Zubehörmarkt gibt es verstärkte qualitativ hochwertige Versionen aller Achsverschleißteile zu kaufen. An den Antriebswellen können, wie bei anderen Autos auch, die Gummimanschetten reißen (relevant für die Hauptuntersuchung), hinter denen die Gelenke in Fett laufen.

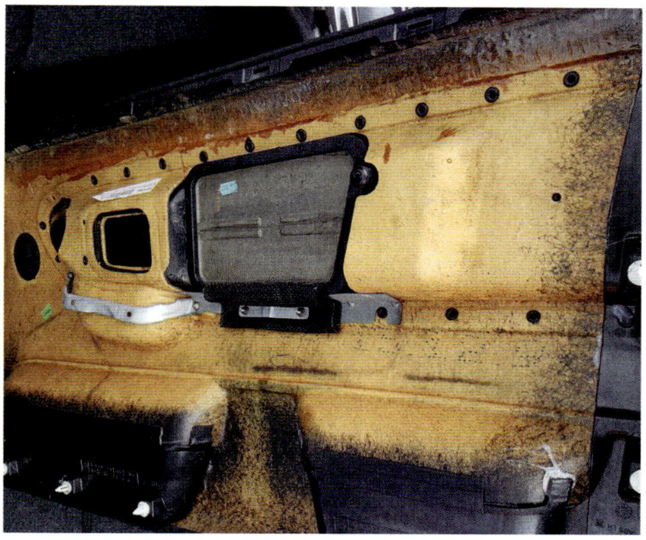

Häufig lösen sich die Beschläge der Türpappen vom Formteil oder Clips brechen ab. Ausbesserungen lassen sich mit Montagekleber vornehmen, die Clips sollten neu verbaut werden.

Wenn der Schaltknüppel nicht mehr mittig steht, kann ein Austausch der Rastenbolzen im Getriebeinneren Abhilfe schaffen. Auch der Austausch eines ausgeschlagenen Schaltgestänges sorgt für einen präziseren Gangwechsel.

Aufpassen sollte man auf die Kunststoff-Flügelräder in der Wasserpumpe, die sich gerne mal auflösen, was eine Motorüberhitzung zur Folge haben kann. Wenn das Heizungsgebläse nur noch auf der höchsten Stufe arbeitet, ist der Heizungs-Vorwiderstand kaputt. Wenn das Bedienteil der Klimaautomatik ausfällt, muss dort ein Kondensator getauscht werden.

Exemplare mit hoher Laufleistung erkennt man stets am abgenutzten Interieur. Fast immer ist im E36 dann der Schaltsack an den Knickstellen eingerissen. Auch die Lederlenkräder leiden, bei den Standard-Lenkrädern kann sich die Ummantelung lösen. Der Dachhimmel kann einem auf den Kopf fallen, und bei Sportsitzen leidet meistens die linke Beckenwange durch vielmaliges Ein- und Aussteigen. Findige Schrauber wechseln einfach die absolut baugleichen Sitze rechts und links aus – schon ist die verschlissene Wange auf der Fahrerseite „repariert“. Vorkommen können immer wieder Pixelfehler in den digitalen Anzeigen. Wenn beim Cabrio das Dach nicht richtig funktioniert, liegt es meistens an den Bändern.

Neue Schaumkerne für durchgesessene Sitze sind (Stand 2024) noch direkt bei BMW lieferbar.

Wer sich einen E36 zulegen möchte, für den ist die Mitgliedschaft in einem Club ein erster lohnenswerter Schritt. Hier treffen sich Gleichgesinnte, die sich vorzüglich in der E36-Materie auskennen, wertvolle Tipps – natürlich im besten Fall vor dem Kauf – geben können und auch bei einer Restaurierung findet man hier die Kontakte und Informationen, die wirklich wertvoll sind. Im Falle des BMW 3er Club E36/E46 e.V. kostet eine Jahresmitgliedschaft 50 Euro/Person. Nähere Information zum Club findet man auf der Webseite www.bmw-club-e36-e46.com, oder auch gerne per E-Mail an vorstand@BMW-Club-E36-E46.com.

BMW 3er Club
E36 / E46 e. V.

BMW und Nordschleife: Neben Porsche sind die Vertreter der blau-weißen Marke mit Abstand die größte Gruppe. Die Palette reicht dabei von „fast serienmäßig" bis in Handarbeit gebautes „Ringtool". Der Preis für die Saisonkarte 2024 beträgt 3000 Euro …

Modernes Tuning

Tuning am Klassiker BMW E36? Für die Fangemeinde schließt sich das auf gar keinen Fall gegenseitig aus. So gelten fast alle Motoren der E36-Palette als unkaputtbar, insbesondere die Sechszylinder weisen oft eine Laufleistung von 300.000 Kilometern und mehr auf – sofern Ölwechselintervalle und der VANOS-Service genauestens eingehalten werden und auch der Fahrer ans Warmfahren des Triebwerks denkt, bevor man die Nadel des Drehzahlmessers in die Nähe des roten Bereichs schickt. Das gilt insbesondere für die M-Motoren. Kein Wunder also, dass der E36 auch nach über 25 Jahren nicht aus der Autotuning-Szene wegzudenken ist. Wobei die Palette des Tuning vom Nachrüsten eines M-Pakets bis zum aufwändig umgebauten Showcar reicht.

Während Ende der Neunziger vielen getunten E36 ein E46-Look verpasst wurde, weil der Nachfolger des E36 neuer und teurer war, sind heute die Tuning-Trends deutlich dezenter geworden. Zwar gibt es auch auffällige „Rocket Bunny Kits", doch der Großteil der E36-Besitzer setzt auf schicke Felgen, dezente Tieferlegung, verheißungsvoll grummelnde Abgasanlage und gezogene Radläufe.

Besonders beliebt im Bereich Motortuning ist die so genannte Kennfeldoptimierung. Andere holen noch viele Pferdestärken mehr mit manuellen Umbauten aus den Motoren hinaus. Besonders beliebt ist hier der Umbau auf einen V8 aus dem großen Bruder, dem BMW E34 535 oder 540i. Es gibt allerdings auch E36, in denen ein Zwölfzylinder implantiert wurde. Damit die Hinterachse bei so viel Power oder auch beim Motorsport nicht herausreißt, gibt es Verstärkungsbleche. Diese Bleche kann man bei BMW kaufen und nachträglich einschweißen.

Noch heute gibt es professionelle Tuner, die Nachrüst- oder Motorsportteile, Kernfeldoptimierung und Motortuning anbieten, zum Bespiel Magna Tuning, MD Track Performance, DS Motorsport, Bilstein für ein Gewindefahrwerk, MK-Motorsport, Maxton-Design und JP Performance. Die Firma von Jean Pierre Kraemer hat auf der Essen Motor Show 2022 ein superbreites und supertiefes E36 Turbo-Coupé gezeigt.

In Sachen Tuning und Show-Fahrzeuge bieten einschlägige Veranstaltung wie die EMS, die Tuning World Bodensee, Tief im Wald oder das Innere Blümchenpflücken – Der jährliche Automotive Tanztee in Berlin-Hoppegarten zahlreiche Variationen zum Thema E36. Dabei ist es vollkommen unerheblich, welche persönliche Geschmacksrichtung vorherrscht – handwerklich sind die teilweise eskalierten, aber stets von den Besitzern liebevoll und konsequent geprägten Projekte mit gecleanten Motorräumen, vergoldeten Schrauben, Luftfahrwerken jenseits des Grenzbereichs und überbreiten Rädern absolut sehenswert. Viele der Umbauten können natürlich auch auf YouTube begleitet werden.

Tuning ist immer auch Geschmackssache: Ob als Umbau auf E46-Optik mit M3-Kiemen und Einarm-Scheibenwischer, …

… mit Haubenverlängerung, M3-Frontschürze und Doppelstock-Heckspoiler (Projekt mit Rausch Tuning GmbH aus Issum) …

… oder mit Akzenten wie sie auch aus der japanischen JDM-Szene bekannt sind. Am Ende ist jedes Projekt das Ergebnis eines teils langwierigen Umbauprozesses, mit dem sich der Eigentümer verwirklichen möchte.

Beim Thema YouTube sei an dieser Stelle auch auf die zahlreichen Ringtool-Projekte verwiesen, deren Entstehen man hier hautnah miterleben kann: Ein nordschleifentauglicher E36-Vierzylinder ist – sofern man im Hobby-Motorsportbereich davon reden kann – noch relativ erschwinglich und bietet selbst schrauberbegeisterten Einsteigern eine solide Basis. Das Fahrzeug kann dann im Laufe der Zeit je nach Budget und entsprechend der fahrerischen Fähigkeiten immer weiter aufgerüstet werden Letztlich gilt: Jeder so, wie er will. Dem einen macht die Originalität Spaß, der andere baut sich seinen E36 so um, wie er ihn gerne haben möchte. Der E36 ist perfekt für die Freude am Fahren. Damit das so bleibt und wir noch lange Spaß an diesem und anderen BMW haben, sollten wir nur eines ganz bestimmt tun: mit den Autos verantwortlich umgehen.

„Bodenfreiheit ist Platzverschwendung": Dank Luftfahrwerk liegt dieser 1998er 325i touring in der Parkstellung extrem tief. Unter der um 10 cm verbreiterten Karosse sitzen umgeschüsselte BBS-Räder im Format 10,5J x 17" (vorn) und 11,5J x 17" (hinten).

„Respekt, wer's selber macht": Auf der EMS 2015 steht das erste deutsche Rocket-Bunny-Fahrzeug mit Straßenzulassung. Es handelt sich zugleich um den ersten Breitbau-E36 mit M-Paket. Die Räder mit 11J x 18" (vorn) und 12J x 18" (hinten) spendet der Porsche GT2.

„Widebody Cars are more than just a Style … they are our Passion“: Für alle die es extrem lieben, hat die Firma Tofugarage aus Stolberg – Exklusivanbieter für Rocketbunny- und PandeM-Produkte – das Live to Offend (LTO) Body Kit für den E36 im Programm. Preis: rund 6000 Euro.

„Low is a Lifestyle“: Ein 323i aus dem Baujahr 1997 bildet die Basis für diesen ca. 200 PS starken Automobiltraum in Midgreen, einem Farbton aus der Palette von Lexus. Unter der Blechverbreiterung sitzen hochglanzverdichtete, dreiteilige Emitz-Felgen von Work Wheels aus der Schweiz.

M-MX

TECHNISCHE DATEN

BMW 316i Limousine (1991)	
Motor	Reihenvierzylinder
Hubraum	1596 ccm
Leistung	100 PS bei 5500/min
Max. Drehmoment	141 Nm bei 4250/min
Getriebe	Fünfgang-Handschalter
Gewicht	1130 kg
Sprint 0-100 km/h	12,9 Sek.
Vmax	191 km/h

BMW 316i Limousine (1994)	
Motor	Reihenvierzylinder
Hubraum	1596 ccm
Leistung	102 PS bei 5500/min
Max. Drehmoment	150 Nm bei 3900/min
Getriebe	Fünfgang-Handschalter
Gewicht	1150 kg (ab 1997: 1310 kg)
Sprint 0-100 km/h	12,5 Sek. (ab 1997: 12,7 Sek.)
Vmax	189 km/h (ab 1997: 195 km/h)

BMW 318i Limousine (1990)	
Motor	Reihenvierzylinder
Hubraum	1796 ccm
Leistung	113 PS bei 5500/min
Max. Drehmoment	162 Nm bei 4250/min
Getriebe	Fünfgang-Handschalter
Gewicht	1205 kg
Sprint 0-100 km/h	11,5 Sek.
Vmax	198 km/h

BMW 318i Limousine (1993)	
Motor	Reihenvierzylinder
Hubraum	1796 ccm
Leistung	115 PS bei 5500/min
Max. Drehmoment	168 Nm bei 3900/min
Getriebe	Fünfgang-Handschalter
Gewicht	1205 kg (ab 1997: 1310 kg)
Sprint 0-100 km/h	11,3 Sek.
Vmax	201 km/h

BMW 318is Limousine (1992)	
Motor	Reihenvierzylinder
Hubraum	1796 ccm
Leistung	140 PS bei 6000/min
Max. Drehmoment	175 Nm bei 4500/min
Getriebe	Fünfgang-Handschalter
Gewicht	1282 kg
Sprint 0-100 km/h	10,2 Sek.
Vmax	213 km/h

BMW 318is Limousine (1996)	
Motor	Reihensechszylinder
Hubraum	1895 ccm
Leistung	140 PS bei 6000/min
Max. Drehmoment	180 Nm bei 4300/min
Getriebe	Fünfgang-Handschalter
Gewicht	1350 kg
Sprint 0-100 km/h	9,9 Sek.
Vmax	187 km/h

BMW 320i Limousine (1991)	
Motor	Reihensechszylinder
Hubraum	1991 ccm
Leistung	150 PS bei 5900/min
Max. Drehmoment	190 Nm bei 4700/min (ab 1997: 4200/min)
Getriebe	Fünfgang-Handschalter
Gewicht	1315 kg (ab 1997: 1375 kg)
Sprint 0-100 km/h	9,8 Sek. (ab 1997: 9,9 Sek.)
Vmax	214 km/h

BMW 323i Limousine (1995)	
Motor	Reihensechszylinder
Hubraum	2494 ccm
Leistung	170 PS bei 5500/min
Max. Drehmoment	245 Nm bei 3950/min
Getriebe	Fünfgang-Handschalter
Gewicht	1310 kg (ab 1997: 1385 kg)
Sprint 0-100 km/h	8,0 Sek.
Vmax	227 km/h

BMW 325i Limousine (1990)	
Motor	Reihensechszylinder
Hubraum	2494 ccm
Leistung	192 PS bei 5900/min
Max. Drehmoment	245 Nm bei 4700/min
Getriebe	Fünfgang-Handschalter
Gewicht	1295 kg
Sprint 0-100 km/h	7,9 Sek.
Vmax	233 km/h

BMW 325td Limousine (1991)	
Motor	Vierzylinder-Turbodiesel
Hubraum	2497 ccm
Leistung	115 PS bei 4800/min
Max. Drehmoment	222 Nm bei 1900/min
Getriebe	Fünfgang-Handschalter
Gewicht	1335 kg (ab 1997: 1430 kg)
Sprint 0-100 km/h	12,0 Sek.
Vmax	198 km/h

BMW 318tds Limousine (1997)	
Motor	Vierzylinder-Turbodiesel
Hubraum	1665 ccm
Leistung	90 PS bei 4400/min
Max. Drehmoment	190 Nm bei 2000/min
Getriebe	Fünfgang-Handschalter
Gewicht	1355 kg
Sprint 0-100 km/h	14,2 Sek.
Vmax	182 km/h

BMW 325tds Limousine (1993)	
Motor	Vierzylinder-Turbodiesel
Hubraum	2497 ccm
Leistung	143 PS bei 4800/min
Max. Drehmoment	260 Nm bei 1900/min (ab 1997: 2200/min)
Getriebe	Fünfgang-Handschalter
Gewicht	1350 kg (ab 1997: 1440 kg)
Sprint 0-100 km/h	10,3 Sek. (ab 1997: 10,4 Sek.)
Vmax	214 km/h

BMW 328i Limousine (1995)	
Motor	Reihensechszylinder
Hubraum	2793 ccm
Leistung	193 PS bei 5300/min
Max. Drehmoment	280 Nm bei 3950/min
Getriebe	Fünfgang-Handschalter
Gewicht	1395 kg
Sprint 0-100 km/h	7,3 Sek.
Vmax	236 km/h

BMW 318is Coupé (1992)	
Motor	Reihenvierzylinder
Hubraum	1796 ccm
Leistung	140 PS bei 6000/min
Max. Drehmoment	175 Nm bei 4500/min
Getriebe	Fünfgang-Handschalter
Gewicht	1240 kg
Sprint 0-100 km/h	10,2 Sek.
Vmax	213 km/h

BMW 316i Coupé (1996)	
Motor	Reihenvierzylinder
Hubraum	1596 ccm
Leistung	102 PS bei 5500/min
Max. Drehmoment	150 Nm bei 3900/min
Getriebe	Fünfgang-Handschalter
Gewicht	1310 kg
Sprint 0-100 km/h	12,7 Sek.
Vmax	195 km/h

BMW 320i Coupé (1992)	
Motor	Reihensechszylinder
Hubraum	1991 ccm
Leistung	150 PS bei 5900/min
Max. Drehmoment	190 Nm bei 4700/min (ab 1996: 4200/min)
Getriebe	Fünfgang-Handschalter
Gewicht	1315 kg (ab 1996: 1375 kg)
Sprint 0-100 km/h	10,0 Sek. (ab 1996: 9,9 Sek.)
Vmax	214 km/h

BMW 323i Coupé (1996)	
Motor	Reihensechszylinder
Hubraum	2494 ccm
Leistung	170 PS bei 5500/min
Max. Drehmoment	245 Nm bei 3950/min
Getriebe	Fünfgang-Handschalter
Gewicht	1385 kg
Sprint 0-100 km/h	8,0 Sek.
Vmax	227 km/h

BMW 325i Coupé (1992)	
Motor	Reihensechszylinder
Hubraum	2494 ccm
Leistung	192 PS bei 5900/min
Max. Drehmoment	245 Nm bei 4700/min
Getriebe	Fünfgang-Handschalter
Gewicht	1330 kg
Sprint 0-100 km/h	8,0 Sek.
Vmax	232 km/h

BMW 328i Coupé (1996)	
Motor	Reihensechszylinder
Hubraum	2793 ccm
Leistung	193 PS bei 5300/min
Max. Drehmoment	280 Nm bei 3950/min
Getriebe	Fünfgang-Handschalter
Gewicht	1395 kg
Sprint 0-100 km/h	7,3 Sek.
Vmax	236 km/h

BMW 318i Cabriolet (1994)	
Motor	Reihenvierzylinder
Hubraum	1796 ccm
Leistung	115 PS bei 5500/min
Max. Drehmoment	168 Nm bei 3900/min
Getriebe	Fünfgang-Handschalter
Gewicht	1355 kg (ab 1995: 1430 kg)
Sprint 0-100 km/h	12,5 Sek.
Vmax	194 km/h

BMW 320i Cabriolet (1994)	
Motor	Reihensechszylinder
Hubraum	1991 ccm
Leistung	150 PS bei 5900/min
Max. Drehmoment	190 Nm bei 4200/min
Getriebe	Fünfgang-Handschalter
Gewicht	1435 kg (ab 1995: 1480 kg)
Sprint 0-100 km/h	10,9 Sek.
Vmax	211 km/h

BMW 325i Cabriolet (1993)	
Motor	Reihensechszylinder
Hubraum	2494 ccm
Leistung	192 PS bei 5900/min
Max. Drehmoment	245 Nm bei 4200/min
Getriebe	Fünfgang-Handschalter
Gewicht	1450 kg
Sprint 0-100 km/h	8,6 Sek.
Vmax	229 km/h

BMW 328i Cabriolet (1995)	
Motor	Reihensechszylinder
Hubraum	2793 ccm
Leistung	193 PS bei 5300/min
Max. Drehmoment	280 Nm bei 3950/min
Getriebe	Fünfgang-Handschalter
Gewicht	1515 kg
Sprint 0-100 km/h	7,7 Sek.
Vmax	230 km/h

BMW 318i touring (1995)	
Motor	Reihenvierzylinder
Hubraum	1796 ccm
Leistung	115 PS bei 5500/min
Max. Drehmoment	168 Nm bei 3900/min
Getriebe	Fünfgang-Handschalter
Gewicht	1355 kg
Sprint 0-100 km/h	11,7 Sek.
Vmax	197 km/h

BMW 318tds touring (1995)	
Motor	Vierzylinder-Turbodiesel
Hubraum	1665 ccm
Leistung	90 PS bei 4400/min
Max. Drehmoment	190 Nm bei 2000/min
Getriebe	Fünfgang-Handschalter
Gewicht	1385 kg
Sprint 0-100 km/h	14,5 Sek.
Vmax	179 km/h

BMW 320i touring (1995)	
Motor	Reihensechszylinder
Hubraum	1991 ccm
Leistung	150 PS bei 5900/min
Max. Drehmoment	190 Nm bei 4700/min
Getriebe	Fünfgang-Handschalter
Gewicht	1405 kg
Sprint 0-100 km/h	10,2 Sek.
Vmax	212 km/h

BMW 325tds touring (1995)	
Motor	Reihensechszylinder-Turbodiesel
Hubraum	2498 ccm
Leistung	143 PS bei 4800/min
Max. Drehmoment	260 Nm bei 2200/min
Getriebe	Fünfgang-Handschalter
Gewicht	1470 kg
Sprint 0-100 km/h	10,5 Sek.
Vmax	206 km/h

BMW 323i touring (1995)	
Motor	Reihensechszylinder
Hubraum	2494 ccm
Leistung	170 PS bei 5500/min
Max. Drehmoment	245 Nm bei 3950/min
Getriebe	Fünfgang-Handschalter
Gewicht	1440 kg
Sprint 0-100 km/h	8,3 Sek.
Vmax	223 km/h

BMW 316i touring (1997)	
Motor	Reihenvierzylinder
Hubraum	1596 ccm
Leistung	102 PS bei 5500/min
Max. Drehmoment	150 Nm bei 3900/min
Getriebe	Fünfgang-Handschalter
Gewicht	1355 kg
Sprint 0-100 km/h	13,2 Sek.
Vmax	191 km/h

BMW 328i touring (1995)	
Motor	Reihensechszylinder
Hubraum	2793 ccm
Leistung	193 PS bei 5300/min
Max. Drehmoment	280 Nm bei 3950/min
Getriebe	Fünfgang-Handschalter
Gewicht	1440 kg
Sprint 0-100 km/h	7,4 Sek.
Vmax	230 km/h

BMW 316i compact (1994)	
Motor	Reihenvierzylinder
Hubraum	1596 ccm
Leistung	102 PS bei 5500/min
Max. Drehmoment	150 Nm bei 3900/min
Getriebe	Fünfgang-Handschalter
Gewicht	1215 kg
Sprint 0-100 km/h	12,3 Sek.
Vmax	188 km/h

BMW 318ti compact (1994)	
Motor	Reihenvierzylinder
Hubraum	1796 ccm
Leistung	140 PS bei 6000/min
Max. Drehmoment	175 Nm bei 4500/min
Getriebe	Fünfgang-Handschalter
Gewicht	1255 kg
Sprint 0-100 km/h	9,9 Sek.
Vmax	209 km/h

BMW 318ti compact (1996)	
Motor	Reihenvierzylinder
Hubraum	1796 ccm
Leistung	140 PS bei 6000/min
Max. Drehmoment	180 Nm bei 4300/min
Getriebe	Fünfgang-Handschalter
Gewicht	1275 kg
Sprint 0-100 km/h	9,9 Sek.
Vmax	209 km/h

BMW M3 (1992)	
Motor	Reihensechszylinder
Hubraum	2990 ccm
Leistung	286 PS bei 7000/min
Max. Drehmoment	320 Nm bei 3600/min
Getriebe	Fünfgang-Handschalter
Gewicht	1460 kg
Sprint 0-100 km/h	6,0 Sek.
Vmax	250 km/h

BMW M3 GT (1994)	
Motor	Reihensechszylinder
Hubraum	2990 ccm
Leistung	295 PS bei 7000/min
Max. Drehmoment	323 Nm bei 3900/min
Getriebe	Fünfgang-Handschalter
Gewicht	1440 kg
Sprint 0-100 km/h	5,9 Sek.
Vmax	250 km/h

BMW 318tds compact (1996)	
Motor	Reihenvierzylinder-Turbodiesel
Hubraum	1665 ccm
Leistung	90 PS bei 4400/min
Max. Drehmoment	190 Nm bei 2000/min
Getriebe	Fünfgang-Handschalter
Gewicht	1290 kg
Sprint 0-100 km/h	13,9 Sek.
Vmax	175 km/h

BMW 323ti compact (1994)	
Motor	Reihensechszylinder
Hubraum	2494 ccm
Leistung	170 PS bei 5000/min
Max. Drehmoment	245 Nm bei 3500/min
Getriebe	Fünfgang-Handschalter
Gewicht	1255 kg
Sprint 0-100 km/h	7,8 Sek.
Vmax	230 km/h

BMW 316g compact (1996)	
Motor	Reihenvierzylinder
Hubraum	1596 ccm
Leistung	102 PS bei 5500/min
Max. Drehmoment	150 Nm bei 3900/min
Getriebe	Fünfgang-Handschalter
Gewicht	1315 kg
Sprint 0-100 km/h	13,0 Sek.
Vmax	188 km/h

BMW M3 (1995)	
Motor	Reihensechszylinder
Hubraum	3201 ccm
Leistung	321 PS bei 7400/min
Max. Drehmoment	350 Nm bei 3250/min
Getriebe	Sechsgang-Handschalter
Gewicht	1515 kg
Sprint 0-100 km/h	5,5 Sek.
Vmax	250 km/h

323i
M GC 9399
www.bmw-classic.de